DOROTHEA BRIEL

BMW

DIE
MOTORRÄDER

V.I.P.

Besonderer Dank
für die wertvolle Hilfe bei der
wahrhaftig nicht
immer leichten Suche nach
Fotos und Fakten
für dieses Buch
gilt der Motorrad-Zeitschrift
„motorrad, reisen & sport"
und ihren Mitarbeitern sowie
Frau Rita Strothjohann
und Herrn Peter Zollner vom
Historischen Archiv der
BMW AG

Bildquellen:
Archiv „motorrad, reisen & sport", Köln: Seiten 35, 54, 58 und 59
Historisches Archiv der BMW AG, München: Seiten 4–34, 36–53, 60, 62, 65, 68–71, 73–75
Willy Bister, Köln: Seiten 56, 57
Frieder Blickle, München: Seite 15
Knut Briel, Grafschaft: Seiten 52, 55
Jürgen Mainx, Bonn: Seiten 56, 72
Hans Georg von der Marwitz, Hofstetten: Seite 63
Georg Polzin, Düsseldorf: Seiten 60, 72
Frank Ratering, Köln: Seiten 66, 70
Jan Hardy Sommer, Köln: Seiten 70, 76
Thomas Zimmermann, Köln: Seiten 61, 64

Dieser Band erscheint in der Reihe V.I.P. motor.
V.I.P. ist ein Imprint der Paul Zsolnay Verlag Ges.m.b.H., Wien

INHALT

1911
In China bricht die Revolution aus;
das Kaiserreich wird im Folgejahr Republik.
Roald Amundsen erreicht als erster den Südpol.

1912
Die Balkanstaaten verdrängen die Türken im
Ersten Balkankrieg vollständig aus Europa.
Die „Titanic" sinkt nach der Kollision mit einem
Eisberg, mehr als 1500 Menschen ertrinken.

1913
Zweiter Balkankrieg.
Friedrich Berius entwickelt ein Verfahren
zur Kohle-Verflüssigung,
Alexander Behm erfindet das Echolot.

1914
In der Folge der Ermordung des österreichisch-
ungarischen Thronfolgers Franz Ferdinand
in Sarajewo bricht der Erste Weltkrieg aus.
Eröffnung des Panamakanals.

1915
Bei Gefechten zwischen deutschen und französi-
schen Truppen wird zum ersten Mal in der
Geschichte Giftgas als Kampfmittel eingesetzt.
Albert Einstein erregt Aufsehen mit seiner
allgemeinen Relativitätstheorie, Hugo
Junkers baut das erste Ganzmetallflugzeug.

1916
Im französischen Verdun tobt eine
der verlustreichsten Schlachten des Ersten
Weltkrieges – es sterben rund 335.000
deutsche und 360.000 französische Soldaten.

1917
Die USA erklären Deutschland den Krieg und
greifen in den Ersten Weltkrieg ein.
Im zaristischen Rußland bricht die Revolution aus.

1918
Der Erste Weltkrieg endet mit der Kapitulation
Deutschlands, Kaiser Wilhelm II. dankt ab,
in Berlin wird die Republik ausgerufen.

1919
Unterzeichnung des Friedensvertrages von
Versailles, deutsche Nationalversammlung tagt in
Weimar, Friedrich Ebert wird Reichspräsident.

1920
Der rechtsgerichtete Kapp-Putsch wird
durch einen Generalstreik niedergeschlagen.
In Deutschland gibt es bereits mehr als
25.000 Motorräder und 75.000 Autos.

1921
Fritz von Opel gewinnt das erste Autorennen
auf der neueröffneten Avus in Berlin.
Wegen der rapide zunehmenden Einwanderungen
aus Europa führt der US-Kongreß ein
Immigrations-Quotensystem ein.

1922
Der deutsche Außenminister Walter Rathenau
wird von Rechtsradikalen ermordet.
Inflation in Deutschland – ein Liter Benzin
kostet am Ende des Jahres 586 Mark.

Selbst wer keine Beziehung zu Motorrädern hat, der verbindet mit der Marke
BMW nicht nur Automobile, sondern auch
Zweiräder – vor allem jene Boxer-Mo-
torräder mit den beiden seitlich aus der
Fahrzeug-Silhouette ragenden Zylindern,
die so typisch für BMW sind, daß jedes
Kind die Maschinen dieser Marke zu erkennen vermag. Und auch wenn heutzu-
tage die Automobile der BMW AG ein
Vielfaches des Umsatzes und des Gewin-
nes der BMW Motorrad GmbH einfahren,
auch wenn die Motorrad-Produktion im
Laufe der BMW-Geschichte schon mehr-

Die BMW-Geschichte beginnt eigentlich bereits 1912 in dieser Flugzeug-Montagehalle des Gustav Otto auf dem Münchener Oberwiesenfeld. Aus Ottos Firma nämlich wird im Jahre 1916 die „Bayerische Flugzeugwerke AG", die nach dem Ersten Weltkrieg bereits Motorräder produziert, und 1922 die „Bayerische Motorenwerke AG"

1911 – 1922

DIE WEITVERZWEIGTEN WURZELN

fach herbe Verluste verursacht hat, so hielten die Verantwortlichen in München doch immer am Motorrad fest, und sie werden vermutlich auch daran festhalten, solange motorisierte Zweiräder auf unseren Straßen fahren. Schließlich gibt es BMW-Motorräder schon viel länger als BMW-Autos, und in Bayern hat man nicht nur einen Sinn für Tradition, sondern auch für das Image von Dynamik und Jugendlichkeit, das zumindest in den schweren Autojahren hilfreich vom Motorrad auf das Automobil ausstrahlte.

Der erste Boxer mit längs eingebautem Motor, die erste „echte" BMW also, war die R 32 von 1923. Aus diesem Grund gilt auch gemeinhin 1993 als das Jahr des 70jährigen BMW-Jubiläums. Motorräder mit dem weißblauen Markenzeichen gab es aber schon früher – und erst recht Motoren, denn angefangen hat die Werksgeschichte nicht mit Motorrädern, sondern mit Flugzeug-Motoren. Zudem wurzeln die heutigen „Bayerischen Motoren Werke" nicht nur in einer, sondern gleich in zwei Firmen, die Anfang unseres Jahrhunderts Flugmotoren entwickelten und produzierten. Die eine, die BMW den Namen gab, wurde 1917 als „Bayerische Motoren Werke GmbH" in das Handelsregister eingetragen. Die andere, die „Bayerischen Flugzeugwerke AG", wurde schon ein Jahr früher ins Register eingetragen, weshalb BMW heute gern 1916 als Gründungsjahr angibt, auch wenn sich die Wege der Bayerischen Flugzeugwerke und der Bayerischen Motorenwerke erst 1922 kreuzten. Aber die spannende Geschichte des Unternehmens fängt eigentlich noch früher an.

1911 nämlich erhält ein gewisser Gustav Otto von den zuständigen Behörden die Genehmigung, auf dem Oberwiesenfeld in München Start- und Landeversuche mit Flugzeugen zu unternehmen. Für Otto ist das ein wichtiges Ereignis, bedeutet die Genehmigung doch, daß er seinem Ziel, einer eigenen Flugzeugfabrik, ein gehöriges Stück näher gekommen ist. Das Oberwiesenfeld, das 60 Jahre später als Olympiagelände herhalten soll, dient zu Ottos Zeiten dem Heer als Exerzierplatz, und eigentlich hat sich keiner seiner Zeitgenossen so recht vorstellen können, daß auf königlichem Grund und Boden diese neumodischen Flugapparate herumbrummen

dürfen. Ottos Begeisterung für Verbrennungsmotoren kommt nicht von ungefähr, schließlich ist sein Vater niemand anderer als der berühmte Nikolaus August Otto, Erfinder des nach ihm benannten Explosionsmotors. Gustav Otto gilt in Deutschland als einer der größten Fliegerenthusiasten: Schon früh hat er eine Flugschule gegründet, sein Traum aber ist die Entwicklung und Produktion von Flugzeugmotoren und ganzen Flugzeugen. Er läßt auch tatsächlich auf dem Oberwiesenfeld einen Hangar für die Endmontage errichten, aber sein geschäftliches Geschick ist nicht so groß wie seine Begeisterung für die Fliegerei und ihre Technik. Bald wachsen Otto die Schulden über den Kopf, und er fühlt sich dem Konkurrenzdruck seiner schon Anfang des Jahrhunderts zahlreichen Mitbewerber nicht mehr gewachsen. Doch seine Idee war richtig, das beweist das Interesse einiger Unternehmen und Banken, die Ottos Firma samt deren Verbindlichkeiten um den Preis seines Ausstieges übernehmen. So wird am 7. März 1916 eine Aktiengesellschaft gegründet, die sich „Bayerische Flugzeugwerke AG" nennt und bis zum Ende des Ersten Weltkrieges vor allem Flugzeug-Reparaturen ausführt.

Am Oberwiesenfeld gibt es zu dieser Zeit ein konkurrierendes Unternehmen, die „Rapp Motorenwerke GmbH". Der Gründer dieser Gesellschaft, Karl Rapp, ein ehemaliger Daimler-Mitarbeiter, erhält auf Empfehlung des Österreichers Franz Josef Popp den Auftrag, den von Ferdinand Porsche konstruierten Austro-Daimler-Flugmotor für das Kriegsministerium in Wien zu produzieren. Popp wird mit der Beaufsichtigung der Fertigung beauftragt. Doch Rapp geht es wie Otto, sein unternehmerischer Erfolg hält sich trotz dieses Auftrages in Grenzen. Als er auch noch mit schwerwiegenden gesundheitlichen Problemen zu kämpfen hat, zieht Rapp sich zurück und überläßt Franz Josef Popp die Leitung seiner Firma.

Popp trifft im Jahr 1917 zwei wichtige Entscheidungen zur Sicherung des Unternehmens. Erstens stellt er im Januar einen Konstrukteur ein, der in der Szene kein Unbekannter ist, und mit dem er einen

Franz Josef Popp (links) und Max Friz (rechts) legen den Grundstein für die BMW-Motorrad-Produktion 1921 mit Einbaumotoren für Victoria-Motorräder

6

Martin Stolle auf einer Victoria mit BMW-Motor. Der Werkmeister der ersten Bayerischen Motorenwerke konstruiert 1921 zusammen mit dem ehemaligen Daimler-Ingenieur Max Friz den M 2 B 15 genannten BMW-Boxermotor – noch mit längsliegenden Zylindern und dem englischen Douglas-Motor sehr ähnlich

konkurrenzfähigen Höhenflugmotor entwickeln kann, den die deutsche Luftwaffe dringend für den Einsatz im Weltkrieg braucht: Max Friz, ein ehemaliger Kollege Rapps aus dem Hause Daimler. Zweitens sorgt Popp dafür, daß die Firma in eine GmbH umgewandelt und am 20. Juli als „Bayerische Motorenwerke GmbH" in das Münchener Handelsregister eingetragen wird. Er selbst übernimmt den Posten des Geschäftsführers. 1917 erhält die Gesellschaft auch das heute weltbekannte Signet als Markenzeichen: einen in den bayerischen Landesfarben Weiß und Blau stilisierten rotierenden Propeller mit einer schwarzen Umrandung, in der die Buchstaben BMW stehen. Der Start von BMW ist allerdings nicht besonders glücklich. Schon ein Jahr nach ihrer Gründung wird die GmbH in eine Aktiengesellschaft umgewandelt, um eine breitere finanzielle

Basis für künftige Vorhaben zu schaffen. Aber als der geplante Höhenflugmotor Fertigungsreife erlangt, ist der Krieg für Deutschland bereits so gut wie verloren, die Kapitulation steht kurz bevor. BMW muß versuchen, sich irgendwie über Wasser zu halten, bis es wieder eine Möglichkeit gibt, Flugmotoren zu bauen und zu verkaufen. Man beteiligt sich an einer Schuhfabrik, kauft die Lizenz für die Produktion eines Motorpfluges, fertigt Büromöbel und Kochtöpfe. Der Versailler Vertrag scheint 1919 allem ein Ende zu setzen: Die Siegermächte untersagen Deutschland den Unterhalt einer Luftstreitkraft sowie die Produktion von Flugzeugen und Flugmotoren, konfiszieren alle Konstruktionspläne und ordnen die Vernichtung aller noch vorhandenen Ersatzteile an.

Doch Popp gibt nicht auf – er berät sich in langen Diskussionen mit Friz und dem Werkmeister Martin Stolle, welches technische Produkt BMW anstelle von Flugmotoren bauen könne. Stolle, ein gelernter Motorenbauer, ist ein Motorrad-Liebhaber, der vor dem Krieg in München eine eigene Werkstatt betrieb, 1914 samt seiner Maschine, einer englischen Douglas, eingezogen und nach kurzem Fronteinsatz über die Fliegerersatzabteilung an BMW ausgeliehen wurde. Er überzeugt Popp und Friz, daß dies die richtigen Zeiten für ein preiswertes Fortbewegungsmittel für breite Bevölkerungsschichten – eben für das Motorrad – seien. Die drei einigen sich, erst einmal einen geeigneten Motor zu bauen, der interessierten Motorradherstellern angeboten werden kann. Stolle geht sofort an die Arbeit: Er zerlegt sein eigenes Motorrad, wieder eine Douglas, bis auf die letzte Schraube und begutachtet alle Teile auf das genaueste. Dann macht er sich mit Friz an die Konstruktion eines eigenen Motors: Friz zeichnet, Stolle baut.

Nach einer Kleinserie von sechs Versuchsmotoren und zahllosen Detailverbesserungen ist dann 1921 der erste BMW-Motor einsatzbereit: der M 2 B 15, ein seitengesteuerter Zweizylinder-Boxermotor mit 494 cm³ Hubraum, der mit quer zur Fahrtrichtung liegender Kurbelwelle, also nach vorn und hinten gerichteten Zylindern in vorhandene Fahrgestelle eingebaut werden soll. Der Boxer ist dem Douglas-Vorbild noch sehr ähnlich, weist aber auch schon einige eigenständige Konstruktionsdetails wie Aluminiumkolben, einen staubdicht gekapselten Ventiltrieb und eine Druckumlaufschmierung auf. Obwohl die Motorleistung von 6,5 PS gegenüber den britischen Konkurrenzfabrikaten ein wenig dürftig wirkt, findet Stolle auch bald ein Werk, das Interesse daran bekundet, den BMW-Boxer in ein eigenes Motorradfahrgestell einzubauen: die Victoria Werke in Nürnberg. Nach ausführlichen Tests, in deren Rahmen Stolle die Motorleistung auf 8 PS und die Höchstgeschwindigkeit des Versuchsmotorrads auf 80 km/h erhöhen kann, bringt Victoria das Modell KR 1 heraus, eine Maschine auf deren Motor erstmals das BMW-Zeichen prangt.

Martin Stolle selbst nimmt noch 1921 mit dem Motorrad an Motorsport-Wettbewerben teil, um herauszufinden, wie es im direkten Vergleich mit der Konkurrenz abschneidet. Das Ergebnis ist mehr als zufriedenstellend: Stolle gewinnt auf Anhieb zwei Bergrennen und fährt bei der „Internationalen 6 Tage Reichsfahrt" zweimal Tagesbestzeit. Auch in der Presse und bei den Kunden ist die Resonanz auf die KR 1 äußerst positiv. Viele Fahrer britischer Motorräder satteln auf die Victoria um, der bald ein besonders kultivierter Motorlauf und hohe Zuverlässigkeit nachgesagt werden. Auch die Motorleistung wird immer konkurrenzfähiger: Der auf ständige Verbesserung bedachte Stolle entlockt dem Boxer durch Veränderungen am Vergaser, modifizierte Steuerzeiten und höhere Verdichtung 10 PS, ohne die erwähnten Qualitäten zu schmälern. Doch er weiß auch, daß der seitengesteuerte Motor damit langsam an seine Grenzen stößt, und versucht, Popp und Friz von der Notwendigkeit der Entwicklung eines ohv-Motors zu überzeugen. Die aber lehnen ein so aufwendiges Vorhaben ab, denn ihre Herzen hängen nach wie vor an der Fliegerei. Sie hoffen immer noch auf eine Aufhebung der Verbote des Versailler Vertrages – nicht vergeblich: 1922 werden die Bestimmungen endlich gelockert, und bei BMW geht man unverzüglich daran, die alten Konstruktionspläne für Flugmotoren zu überarbeiten.

Martin Stolle, enttäuscht über die Absage und frustriert durch ständige Bevormundung, will seinen Entwicklungsdrang nicht länger bremsen lassen. Er nimmt eine vergleichsweise kleine Unstimmigkeit zum Anlaß, mit BMW zu brechen, und wechselt im Januar 1922 zur Firma Wilhelm Sedlbauer, wo er seinen ohv-Boxer in Ruhe entwickeln kann. Er behält auch das Vertrauen von Victoria, wo man schon Ende des Jahres ein neues Modell namens KR 2 mit Stolles neuem Motor auf den Markt bringt.

Die Entscheidung Stolles wird verständlicher, wenn man weiß, daß der Motorenbau bei BMW zu dieser Zeit nicht mehr den ursprünglichen Stellenwert besitzt. Franz Josef Popp hat sich nämlich noch eine andere Lösung zur Rettung des Werkes nach dem Ersten Weltkrieg einfallen lassen. Er hat seine Beziehungen aus früheren Tagen als junger Ingenieur bei der Knorr-Bremse AG spielen lassen und die Lizenz zur Produktion einer Luftdruckbremse für Eisenbahnen erworben. Mit der Reichsbahn als sicherem Dauerkunden scheint die Zukunft von BMW gesichert, aber auch der Motorenbau in den Hintergrund gedrängt. Dies umso mehr, als sich inzwischen die Besitzverhältnisse geändert haben: Camillo Castiglioni, ein Finanzgenie des frühen 20. Jahrhunderts und Halter beinahe des gesamten Aktienbestandes der BMW AG, hat seine Aktien verkauft, um sich stärker in der zukunftsträchtigen Automobilbranche engagieren zu können. Der Käufer ist niemand anderes als Johann Philipp Vielmetter, Mehrheitsaktionär der Knorr-Bremse AG, der die Kapazitäten für die Bremsenproduktion erweitern will und mit der Motorenoder gar Fahrzeugherstellung nichts im Sinn hat.

Damit sind nun auch Popp und Friz an der Realisierung ihrer Pläne gehindert, und es scheint, daß der Name BMW nie mehr in Verbindung mit Flugmotoren oder Fahrzeugen auftreten soll. Franz Josef Popp aber findet einen Ausweg: Er überzeugt den autonärrischen Castiglioni von der Idee eines BMW-Kleinwagens nach den Plänen Ferdinand Porsches und bewegt ihn, zu diesem Zweck von Vielmetter den Markennamen BMW und einige Patente und technische Zeichnungen zu kaufen sowie einige für das Projekt wichtige Leute von der BMW AG zu übernehmen. Geeignete Produktionsstätten für das Vorhaben hat Castiglioni, der schon seit Jahren geschickt mit dem Kauf und Verkauf von Firmen jongliert, bereits vorher erworben – mit der Bayerischen Flugzeugwerke AG am anderen Ende des Oberwiesenfeldes.

Auch die Flugzeugwerke haben sich nach dem Ersten Weltkrieg gezwungenermaßen dem Motorrad zugewandt und produzieren zu dieser Zeit zwei von einem gewissen

Die ersten bei BMW gebauten Motorräder sind Auftragsproduktionen: das Leichtmotorrad „Flink" mit einem Zylinder und nur 143 cm³ Hubraum.....

.....und die der Victoria KR 1 ähnliche „Helios" mit dem Zweizylinder-Boxer M 2 B 15 und 494 cm³ Hubraum

Karl Rühmer entwickelte und vertriebene Modelle in dessen Auftrag: das Leichtmotorrad Flink mit 143-cm³-Kurier-Motor sowie die der Victoria KR 1 sehr ähnliche Helios mit dem BMW-Motor M 2 B 15. Die Folge dieser Transaktionen ist ein etwas verwirrender Namenstausch: Am 5. Juli 1922 wird die „Bayerische Flugzeugwerke AG" in die neue „Bayerische Motorenwerke AG" umgewandelt, und die alte BMW AG firmiert fortan als „Südbremse AG". Vorerst alleiniger Aktieninhaber der neuen BMW AG ist Camillo Castiglioni, Franz Josef Popp wird Generaldirektor, Max Friz Chef der Entwicklung. An den Produkten, die in den beiden Werken hergestellt werden, ändert sich hingegen nicht viel: Im Südbremse-Werk konzentriert man sich nun vollends auf die Bremsenproduktion, bei BMW werden

weiterhin Flink und Helios produziert. Popps Kleinwagen-Plan scheitert nämlich vorerst an finanziellen Hindernissen, und der Flugmotorenmarkt leidet in Deutschland unter den immer noch gültigen Beschränkungen für den Luftverkehr. So nimmt dann BMW den Vertrieb der beiden Motorradmodelle selbst in die Hand, und Max Friz macht sich an die für einen hochgradigen Ingenieur wie ihn recht undankbare Aufgabe, die Helios weiterzuentwickeln. Der Verkauf der kleinen Flink läuft zwar ganz gut, obwohl er wegen des niedrigen Preises nicht besonders gewinnträchtig ist, die Helios aber erweist sich als Ladenhüter. Anders als die konkurrierende Victoria KR 2 hat sie ein Dreigang-Getriebe und eine Rollenkette anstelle von zwei Gängen und Riemenantrieb zu bieten, aber mit ihrem seitengesteuerten

BMW-Motor ist die Helios der Victoria mit ihrem ohv-Motor unterlegen. Auch im Fahrwerk sieht sie gegenüber der Victoria schlecht aus – vor allem die primitive Pendel-Vorderradgabel verleiht der Helios ein ziemlich miserables Fahrverhalten. Friz muß sich jedoch nicht mit Modellpflege begnügen. Schon bald darf er sich mit einem Zeichenbrett und dem Auftrag, ein neues Motorrad zu konstruieren, in das Gästezimmer seines Privathauses zurückziehen – wenn auch mit der Auflage, aus Kostengründen möglichst viele der bestehenden Bauteile zu verwenden. Wie viele Schwaben ist der begabte Ingenieur mit Hartnäckigkeit und Sparsamkeit gesegnet, und als er wieder im Werk an der Neulerchenfeldstraße auftaucht, bringt er den Entwurf einer Konstruktion mit, die sich bald als epochemachend erweisen soll.

1923
Besetzung des Ruhrgebietes
durch Frankreich und Belgien;
über das Reichsgebiet wird der
Ausnahmezustand verhängt.
Die Ausgabe der Rentenmark
beendet die Inflation im
Deutschen Reich.
In deutschen Städten wird die
Geschwindigkeitsbeschränkung
von 15 auf 30 km/h heraufgesetzt.

1924
Hitler schreibt „Mein Kampf".
In der UdSSR übernimmt Stalin
nach dem Tode Lenins dessen
Nachfolge als Generalsekretär
der kommunistischen Partei.
Erstes Fließband in der
deutschen Automobilindustrie
bei Opel; Installation der ersten
Verkehrsampel Deutschlands.

1925
Generalfeldmarschall Paul von
Hindenburg wird nach dem Tod
Friedrich Eberts zum Reichs-
präsidenten gewählt.
Der Bau des Nürburgringes
wird begonnen.
Es gibt erstmals mehr als 100.000
Motorräder in Deutschland.

1926
Deutschland wird in den
Völkerbund aufgenommen.
Ende der demokratischen Staats-
formen in Polen und Litauen.
Ford führt in den USA
die 40-Stunden-Woche ein.

1927
Kämpfe zwischen Serben und
Kroaten in Jugoslawien.
In Deutschland werden erstmals
mehr als 100.000 Kraftfahrzeuge
pro Jahr produziert.

1928
Alexander Fleming entdeckt
das Penizillin.
Motorräder bis 200 cm^3 Hubraum
werden in Deutschland
steuer- und führerscheinfrei.

1923 – 1928
DIE ANFÄNGE

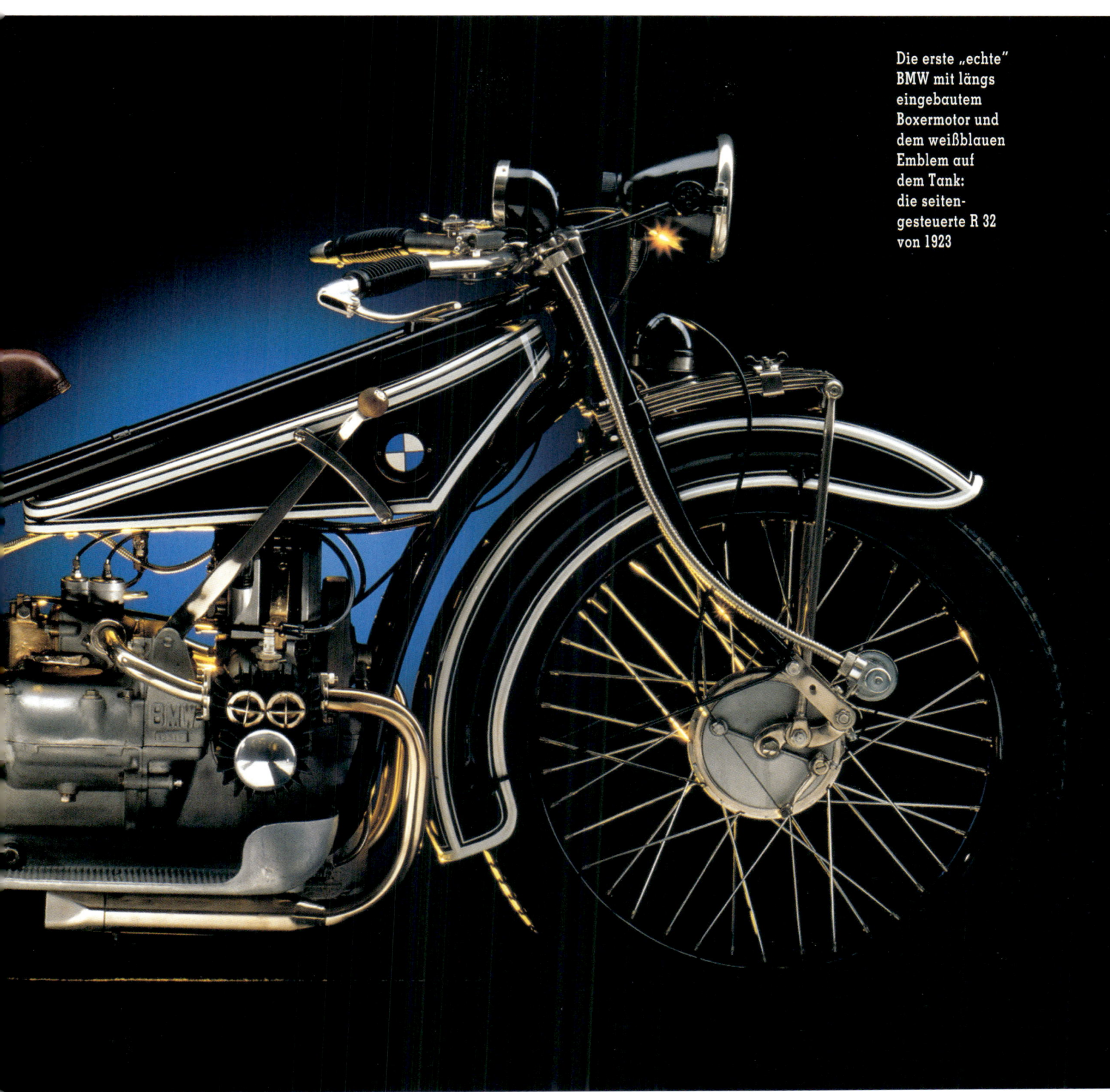

Die erste „echte"
BMW mit längs
eingebautem
Boxermotor und
dem weißblauen
Emblem auf
dem Tank:
die seiten-
gesteuerte R 32
von 1923

Obwohl Max Friz zweifelsfrei ein erst-klassiger Ingenieur und sogar selbst Motorradfahrer ist, sieht er sich doch in erster Linie als Flugmotoren-Konstrukteur. Aus diesem Grund präsentiert er das Er-gebnis seiner vierwöchigen Klausur unter dem Siegel der Verschwiegenheit zuerst

seinem Freund Franz Bieber, einem Fahr-radhändler und aktiven Motorradfahrer, bevor er die Pläne seinem Chef vorlegt. Bieber ist genauso begeistert wie Popp: Das neue Motorrad wirkt elegant und überzeugt durch ein pfiffiges Konzept. Das wichtigste Merkmal: Friz will zwar aus

Kostengründen den alten Motor M 2 B 15 beibehalten, sieht seinen Einbau aber um neunzig Grad gedreht, also mit längs lie-gender Kurbelwelle vor. Auf diese Art ragen beide Zylinder seitlich in den kühlenden Fahrtwind, die Motorkraft läßt sich direkt über eine sehr wartungsarme

Kardanwelle zum Hinterrad leiten, und Schwungscheibe sowie Kupplung verschwinden platzsparend im Motorgehäuse – die ganze Antriebseinheit wirkt wie aus einem Guß. Die einzelnen Ideen sind nicht neu, einen längs eingebauten Boxermotor gibt es bereits in England – die 400er ABC von Sopwith – und ein Motorrad mit Kardanwelle auch bei Knifer-Gnädig in Thüringen, aber das Gesamtkonzept ist verblüffend. Auch der Entwurf des Fahrwerkes wirkt überzeugend: Der Rahmen ist eine Zweischleifen-Rohrkonstruktion mit eingehängtem Tank, und anstelle der primitiven Pendelgabel der Helios hat Friz eine neukonstruierte Schwinggabel vorgesehen.

Schon im Januar 1923 beginnt man bei BMW mit der Herstellung der ersten Teile für die Neukonstruktion, und bereits am 5. Mai des Jahres kann Friz mit einer Versuchsmaschine an einer Ausfahrt des Automobilclub München teilnehmen – im AMC ist zu dieser Zeit beinahe jeder Mitglied, der in der Automobil- und Motorradszene Rang und Namen hat. Die Maschine übersteht die Fahrt ohne Probleme, und alle Teilnehmer zollen ihr Anerkennung. Das ermutigt Max Friz zu einem Vorhaben, mit dem er sich Genugtuung

gegenüber Martin Stolle verschaffen will, über dessen Weggang von BMW er sich sehr geärgert hat: Er will mit seiner Neukonstruktion die Victorias beim Solitude-Rennen schlagen. Natürlich weiß Friz, daß er mit dem betagten, seitengesteuerten BMW-Motor keine Wunder bewirken kann, deshalb fertigt er speziell für dieses eine Rennen bei Stuttgart drei Spezialmotoren mit obengesteuerten Ventilen. Doch alle drei der unerprobten Maschinen fallen mit Kolbenklemmern oder Ventilschäden aus, und Friz muß die Schmach hinnehmen, daß gerade hier, in seiner Heimat, schließlich eine Victoria gewinnt. Trotz dieses Debakels hält man bei BMW an dem neuen Motorrad fest. Im September werden den Lesern der „Illustrierten Motorzeitung" die ersten Fotos der serienmäßigen Ausführung gezeigt, und im Oktober wird das Motorrad auf der Pariser Automobilausstellung als BMW R 32 präsentiert. Die elegante Maschine, die in der schwarzen Lackierung mit den weißen Dekorstreifen – von nun an über Jahre die typische BMW-Lackierung – einen noblen Eindruck macht, verfehlt ihre Wirkung auf das internationale Publikum nicht. Und sie kommt gerade zum richtigen Zeitpunkt auf den Markt, denn der boomt trotz der schwierigen wirtschaftlichen Situation und der hohen Inflationsrate. 1922 fahren bereits 38.000 Motorräder auf Deutschlands Straßen, drei Jahre später sollen es viermal so viele sein. Den Markt teilen sich zwar nicht weniger als 132 Motorrad-Pro-

Die Montage der R 32 erfolgt 1923 zwar bereits in einer großzügigen Halle, aber noch in Einzelfertigung – Fließbänder werden erst Jahre später eingeführt

duzenten in 47 deutschen Städten, aber darunter sind auch zahlreiche winzige Firmen mit austauschbaren Produkten. Die R 32 hebt sich dagegen durch ihr eigenständiges Konzept deutlich von den Konkurrenten ab, und ihr Verkaufserfolg hilft BMW, das Inflationsjahr 1923 zu überstehen. Die Währungsreform und die am 1. Januar 1924 eingeführte Reichsmark erlauben dann auch wieder ein vernünftiges Bilanzieren und finanzielles Planen, und bis 1926 stellt das Werk immerhin 3.000 Exemplare der R 32 auf die Räder. Der Erfolg dieses Modells ist insofern verblüffend, als ihr seitengesteuerter Motor mit nur 8,5 PS bei 3.300 Umdrehungen pro Minute Mitte der 20er Jahre sicher nicht mehr als aktueller Stand der Technik gelten darf und das Werk von Anfang an eine Hochpreispolitik verfolgt. Die R 32 kostet immerhin 2.200 Reichsmark, und Käufer, die Wert auf einen Tacho, eine elektrische Hupe, eine Bosch-Lichtanlage und einen Soziusplatz legen, müssen noch

einmal 410 Reichsmark drauflegen. Dem stehen allerdings Qualitäten gegenüber, die sehr gut zum gediegenen Erscheinungsbild der R 32 passen und den hohen Preis relativieren: Zum einen ist die Straßenlage des Motorrades so gut, daß es sich sehr leicht handhaben läßt und es jeder wagen kann, die mögliche Höchstgeschwindigkeit von 90 km/h auch tatsächlich auszukosten; zum anderen hat die R 32 schon bald den Ruf außergewöhnlicher Verarbeitungsqualität und Zuverlässigkeit erworben.

Auch wenn Höchstleistung nicht zu den Stärken des Boxers zählt, ist man sich bei BMW doch bald darüber im klaren, daß in den Pioniertagen des Motorradbaus Sporterfolge von immenser Bedeutung für den Verkauf sind. Da kommt dem Werk der junge Diplomingenieur Rudolf Schleicher gerade recht, der seinen Dienst bei BMW im Oktober 1923 antritt. Er macht im Jahr darauf durch den Sieg in der Motorradwertung der Winterfahrt München–Gar-

misch auf sich aufmerksam; anschließend fährt er beim Bergrennen auf der Mittenwalder Steif Tagesbestzeit – auf einer BMW. Und zwar nicht auf irgendeiner, sondern auf einem der Exemplare, die beim Solitude-Rennen ausgefallen sind. Schleicher hat ganz einfach das richtige Gefühl für die Behandlung empfindlicher Motoren und schon reichlich Erfahrung im Rennsport. Einer seiner Rennfahrer-Kollegen ist es auch, der ihm zu der Anstellung bei BMW verholfen hat: Rudolf Reich, AMC-Mitglied und selbst Ingenieur bei BMW, hat Schleicher Max Friz wärmstens ans Herz gelegt. Und der ist glücklich über diese Empfehlung, denn Schleicher entpuppt sich auch als hervorragender Techniker, der den Chefkonstrukteur spürbar entlastet und ihm Freiraum für sein Engagement bei den Flugzeugmotoren schafft. So kann sich Friz seinem Lieblingsprojekt, dem Zwölfzylinder-Flugmotor, zuwenden, und Schleicher hat ziemlich freie Hand bei der Weiterentwicklung des

Motorradmotors. Als erstes Projekt realisiert er einen Rennmotor für die R 32 mit Leichtmetall-ohv-Zylinderköpfen, der sagenhafte 20 PS leistet. Premiere für das M 2 B 36 getaufte Triebwerk ist wieder das Solitude-Rennen bei Stuttgart, und wieder gehen an diesem Ort der Demütigung drei BMW-Rennmaschinen an den Start – mit den Fahrern Bieber, Reich und Schleicher. Aber diesmal wird die schwäbische Solitude zum Ort des Triumphes für die Bayern: In allen drei Klassen, in denen BMW am Start ist, fährt der Sieger eine R 32, und Reich fährt sogar Tagesbestzeit. Damit ist der Durchbruch für BMW auch im Motorsport geschafft; von nun an fährt das BMW-Rennteam von einem Sieg zum anderen. Der Deutsche Meister des Jahres 1924 heißt Franz Bieber auf BMW. Natürlich interessieren sich nach diesen Erfolgen auch zahlreiche Privatfahrer für den BMW-Sportmotor, die sich bislang lieber auf die englischen ohv-Einzylinder oder auf die schweren amerikanischen V 2-Maschinen von Harley-Davidson und Indian verlassen haben. Mitte 1924 entschließt sich BMW deshalb, eine Serie von zunächst 50 Exemplaren des M 2 B 36 aufzulegen. Doch das Interesse ist so groß, daß die geplante Serie bald verdoppelt wird. Schließlich präsentiert BMW auf der Berliner Automobilausstellung im Dezember des Jahres nicht etwa den Sportmotor, sondern ein komplettes neues Motorrad mit dem ohv-Triebwerk, die R 37. Der Motor unterscheidet sich schon rein äußerlich deutlich vom seitengesteuerten Boxer der R 32: Die Kühlrippen der Zylinder verlaufen nicht mehr quer, sondern längs zur Fahrtrichtung, und der Zylinderkopf wird nicht mehr durch zwei kleine Einzelstopfen, sondern durch einen großen ovalen Deckel abgeschlossen, der den obenliegenden Ventiltrieb staub- und öldicht kapselt. Zylinder und Zylinderkopf sind nun getrennte Bauteile, die Zylinder sind aus Stahl gedreht, die Köpfe aber aus Aluminium gegossen. Der Motor wird über einen Doppelvergaser mit zwei Luftschiebern und einem Gasschieber mit brennbarem Gemisch versorgt. Das Werk gibt als Spitzenleistung immerhin 16 PS bei 4.000 Umdrehungen pro Minute und als Höchstgeschwindigkeit 115 km/h an, aber den Sportfahrern ist klar, daß sich für

den Renneinsatz noch ein bißchen mehr herausholen läßt. Auch wenn sich das Fahrwerk der R 37 nur durch einen Scherenstoßdämpfer an der Vorderradgabel von dem der R 32 unterscheidet, ist die neue BMW doch der Knüller der Berliner Ausstellung.

Schon in der folgenden Rennsaison fahren in Deutschland neben den BMW-Werksfahrern zahlreiche Privatfahrer mit frisierten R 37, und 1925 gibt es sage und schreibe 91 Siege und zwei Meistertitel für BMW-Fahrer. Die Begeisterung für diese Erfolge und für die neue R 37, die im Werk in Einzelfertigung hergestellt wird, ist bei Rennfahrern, Zuschauern und Berichterstattern gleichermaßen groß und erreicht sogar das Motorrad-Mutterland Großbritannien. In die Höhle des Löwen muß Rudolf Schleicher aber vorerst als Privatfahrer, denn das Werk will noch keinen Sporteinsatz in England. Schleicher fährt 1926 mit seinem Freund Fritz Roth zur Internationalen Sechstage-Geländefahrt auf die Insel. Die beiden werden dort belächelt, weil sie völlig unüberlegt ohne Geländereifen angereist sind. Doch den Briten vergeht der Spott, denn Schleicher gewinnt gleich bei seinem ersten Einsatz ohne jede Schwierigkeiten eine Goldmedaille.

Trotz der Sporterfolge der modernen R 37 bleibt die R 32 ein Verkaufserfolg. Als wegen der hohen Nachfrage sogar die Produktionskapazitäten erweitert werden müssen, entschließt sich die Firmenleitung, den Verkauf des M 2 B 15 als Einbaumotor einzustellen. Die Restbestände erhält Karl Rühmer, in dessen Auftrag das Werk ja bis 1922 die Helios produzierte, und der danach weiterhin BMW-Motoren in seine „KaRü" eingebaut hat, die der R 32 im Laufe der Zeit immer ähnlicher geworden ist.

Die R 32 wird in den 20er Jahren wegen ihres stabilen Rahmens und des durchzugstarken Motors gern auch als Gespann für Transport- und Botenfahrten oder als

Familienfahrzeug genutzt – ein Geschäft, das sich BMW nicht entgehen läßt. Das Werk schließt einen Liefervertrag mit dem Münchener Seitenwagen-Hersteller Bohnenberger & Wimmer, der schon bald exklusiv für BMW produziert und die Entwicklungsanregungen aus dem Werk bezieht. Auf diese Weise kann der Kunde direkt von BMW ein komplettes Gespann wahlweise mit einem einfachen Transport-Seitenwagen oder mit dem eleganten Torpedo-Modell kaufen, das mit einer Bremse im Seitenwagenrad sowie einem Reservekanister ausgestattet ist. In original BMW-Farben mit den typischen weißen Zierlinien lackiert kostet der Seitenwagen stolze 750 Reichsmark.

Im Werk ist man sich des hohen Preisniveaus der BMW-Produkte durchaus bewußt. Um eine breitere Zielgruppe anzusprechen, hat man 1924 auch ein Einzylinder-Motorrad entwickelt. Es wird R 39 getauft und der R 37 auf der Berliner Automobilausstellung zur Seite gestellt, kommt aber erst ab September 1925 zur Auslieferung. Wer geglaubt hat, daß es sich bei der R 39 um eine Billig-BMW handelt, der wird bei näherem Hinsehen eines Besseren belehrt. Es handelt sich vielmehr um eine sportliche 250-cm³-Maschine mit Doppelschleifenrahmen, einer von den Rennmaschinen übernommenen Außenbackenbremse auf der Kardanwelle und einem modernen Single mit stehendem Zylinder. Der Einzylindermotor mit der Typbezeichnung M 40 ist wie der Zweizylinder längs in den Rahmen eingebaut und überträgt die Kraft ebenfalls über ein angeblocktes Getriebe und einen Kardanantrieb zum Hinterrad. Er besitzt nicht nur den ohv-Leichtmetall-Zylinderkopf der R 37, sondern sogar einen Aluminium-Zylinder mit eingeschrumpfter Stahl-Laufbuchse, der ein Gußteil mit dem Motorgehäuse bildet. Diese ungeheuer fortschrittliche Konstruktion leistet laut Werksangabe 6,5 PS bei 4.000 Touren und verleiht der R 39 eine Höchstgeschwin-

Der Star der Berliner Automobilausstellung 1924: die sportliche BMW R 37 mit kopfgesteuertem Boxer, 494 cm³ und 16 PS

14

digkeit von 100 km/h. Bei soviel Aufwand und technischen Neuerungen kann die R 39 die ursprüngliche Absicht, eine preiswertere BMW anzubieten, nicht erfüllen: Sie kostet laut Preisliste 1.870 Reichsmark, wird aber nur mit Tachometer und Bosch-Zündanlage ausgeliefert, die den Preis auf 2.150 Mark treiben – nur 50 Mark weniger, als eine R 32 zu dieser Zeit kostet. Trotzdem gibt es zu Anfang zahlreiche Bestellungen für dieses Motorrad, nicht zuletzt deshalb, weil der neue BMW-Werksfahrer Sepp Stelzer schon 1925 auf einer R 39 die Deutsche Meisterschaft erringen kann. Doch die ersten Käufer beklagen bald den unzumutbaren Ölverbrauch ihrer Motorräder, der vom übermäßigen Verschleiß der Zylinderlaufbuchsen herrührt. BMW tauscht die Stahlbuchsen auf Garantie und Kulanz gegen solche mit einer verbesserten Härtung, doch das Problem weitet sich aus, weil der Schrumpfsitz der Buchsen nicht paßgenau ist. Viele Händler stornieren daraufhin

ihre Bestellungen, und schon ein Jahr nach Lieferbeginn stellt BMW die Produktion der R 39 wieder ein – wegen der hohen Lagerbestände bleibt sie allerdings auch noch 1927 im Programm.

Trotz dieses Mißerfolges kann keine Rede davon sein, daß Rudolf Schleicher und seine Entwicklungsingenieure schlechte Arbeit leisten. Noch gibt es bei BMW keine Trennung von Renn- und Entwicklungsabteilung, und die im Rennsport unabdingbare Sorgfalt kommt auch den weiteren Entwicklungen für die Serie zugute. Schleicher arbeitet inzwischen mit einem Mann namens Sepp Hopf zusammen, der eigentlich gelernter Schuster, aber technisch ungeheuer begabt ist. Beide sind der Meinung, daß es an der Zeit ist, die R 32 gründlich zu überarbeiten. Als Bühne für deren Ablösung, die R 42, dient im November 1925 wieder einmal die Berliner Automobilausstellung. Konzeptionell und vom Hubraum her ist die Neue identisch mit ihrer Vorgängerin, die Änderungen liegen im Detail: Der neue Motor, der an den in Fahrtrichtung ausgerichteten Zylinder-Kühlrippen und den großen abnehmbaren Aluguß-Zylinderkopfdeckeln zu erkennen ist, leistet jetzt durch größere Ventile und einen anderen Vergaser 12 PS bei 3.400 Umdrehungen und erhält die Typbezeichnung M 43. Er wanderte im Fahrwerk etwas nach hinten – was einen geänderten Verlauf der Rahmenrohre bedingt hat –, um die Schwerpunktlage und damit das Fahrverhalten des Motorrades noch einmal zu optimieren. Tachometer und Kardanbremse wurden von der R 39 übernommen, und weniger voluminöse Schutzbleche geben der R 42 ein sportlicheres Aussehen als ihrer Vorgängerin. Daß BMW die mit der 1.510 Mark teuren R-32-Nachfolgerin angesprochene Zielgruppe aber keineswegs fälschlicherweise in Sportfahrerkreisen sieht, beweisen die serienmäßigen Seitenwagenbefestigungspunkte und die auf Wunsch lieferbare kürzere Getriebeübersetzung für den Gespannbetrieb.

Die Sportfahrer interessieren sich natürlich mehr für die R 37 mit ohv-Motor, und die Nachfrage wird so groß, daß BMW die Einzelfertigung dieses Modells unter kaufmännischen Gesichtspunkten nicht mehr verantworten kann. Kurzerhand hängt Schleicher den ohv-Motor in das Fahrwerk der R 42, verwendet Graugußzylinder, die für eine Serienfertigung geeigneter sind als Stahlzylinder, und ersetzt den komplizierten Vergaser der R 37 durch den der R 42. Das neue Motorrad wird R 47 genannt und auf der Berliner Automobilausstellung 1926 der Öffentlichkeit präsentiert. Durch die nun mögliche Serienfertigung und den Wegfall der bis dahin vom Staat auf Motorräder erhobenen 15prozentigen Luxussteuer kann der Preis des neuen Sportmodells mit 1.850 Mark relativ niedrig ausfallen. Da die R 47 zudem noch zwei PS stärker sein soll als ihre teurere Vorläuferin, reagiert das Publikum mit Begeisterung. Der Erfolg des neuen Modells ist vorprogrammiert.

Natürlich schläft auch die Konkurrenz in diesen Jahren des Motorrad-Booms nicht. Um vor allem den starken englischen Motorrädern mehr entgegensetzen zu können, beschließt BMW, den beiden 500er Motorrädern Modellvarianten mit 750 cm³ Hubraum zur Seite zu stellen. Auch R 42 und R 47 erfahren einige kleinere Änderungen, die BMW zur Wahl neuer Typbezeichnungen veranlassen. So wird im Jahr 1928 aus der R 42 die R 52 mit 500er sv-Motor, der das ebenfalls seitengesteuerte und 140 Mark teurere Schwestermodell R 62 mit 750 cm³ Hubraum zur Seite gestellt wird. Aus der R 47 wird die R 57 mit 500er ohv-Motor, aus der die ebenfalls kopfgesteuerte und 250

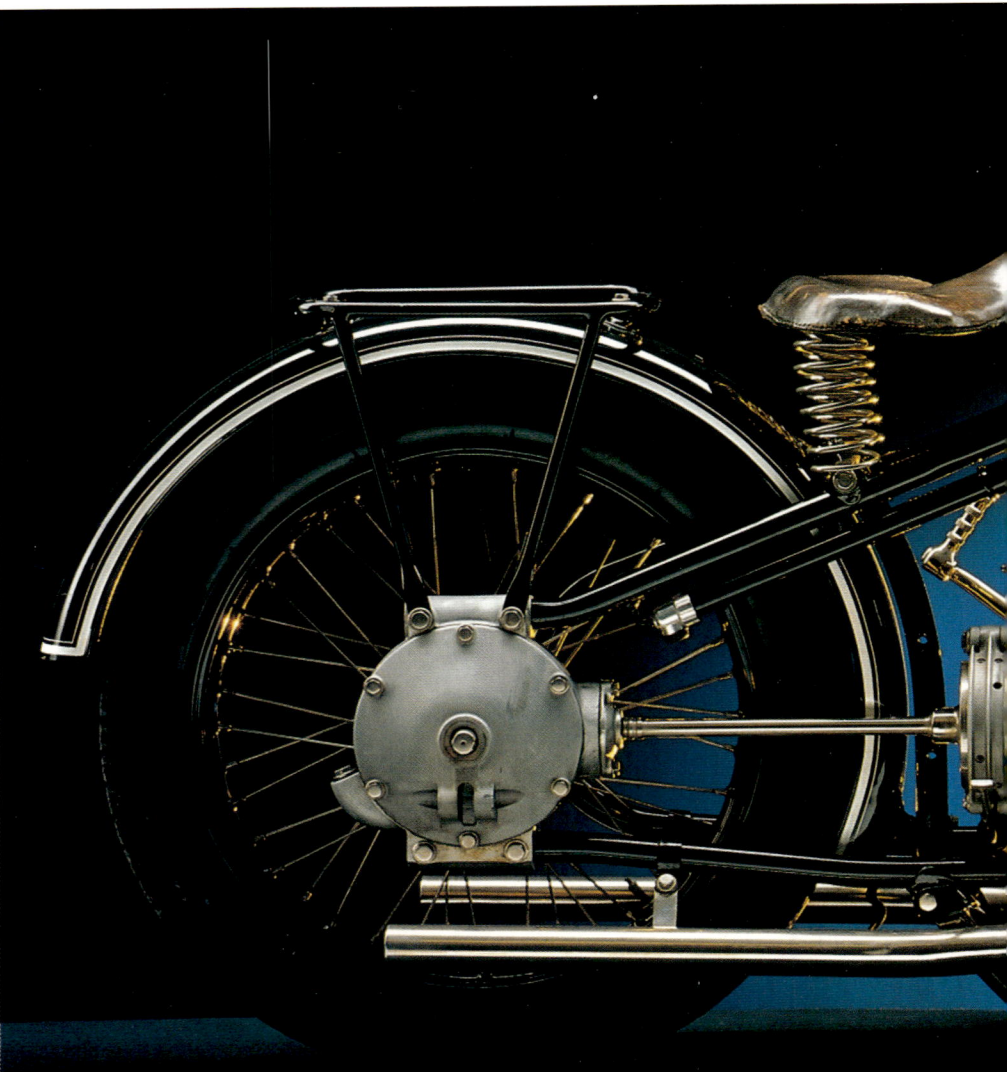

Drei Jahre nach Einführung der R 32 wird sie von der R 42 abgelöst, die an den großen Aluguß-Zylinderkopfdeckeln und den geraden vorderen Rahmenrohren zu erkennen ist

Schon früh erkennt das Werk die Werbewirksamkeit des Rennsports und fördert den Sporteinsatz von BMW-Motorrädern in ganz Europa

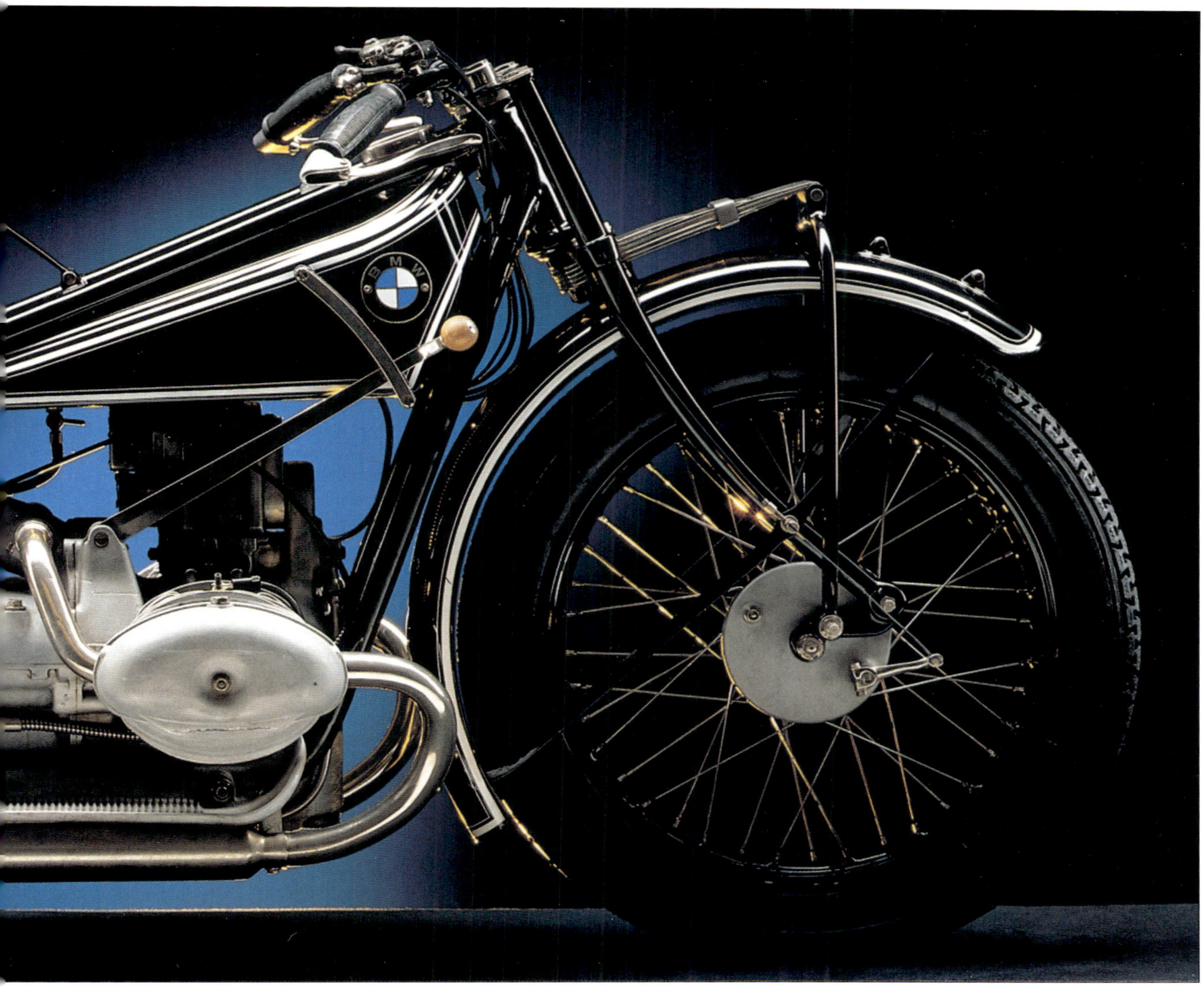

Als die in Einzel-
anfertigung
produzierte R 37
zu teuer wird,
folgt ihr 1927 die
abgebildete R 47,
die mit Grauguß-
statt Stahlzylin-
dern bestückt ist,
zwei PS mehr
leistet und fast
1.000 Mark weniger
kostet als ihre
Vorgängerin

1928 ergänzt BMW
die beiden 500er
Boxer, die nun R 52
und R 57 heißen,
durch Schwester-
modelle mit 750
cm³: Die seiten-
gesteuerte R 62......

.....und die kopf-
gesteuerte R 63
sind bis auf den
Hubraum identisch
mit den Halbliter-
maschinen

Mark teurere 750er R 63 abgeleitet wird.
Um die Fertigung so rationell wie möglich
zu gestalten, werden innerhalb der Modellpalette zahlreiche identische Bauteile
verwendet. Alle vier Modelle haben im
Grunde dasselbe Fahrwerk, jetzt mit einer
auf 200 mm Durchmesser vergrößerten
Vorderradbremse, und die Kurbelwelle ist
jeweils für die beiden seitengesteuerten
und kopfgesteuerten Motoren identisch.
Die Leistungsangaben der beiden größeren Motoren liegen jeweils um sechs PS
höher als für die motorisch unverändert
gebliebenen Halbliter-Maschinen. So hat
die kurzhubige R 63 als bislang stärkste
BMW immerhin 24 PS zu bieten und soll
120 km/h schnell sein – sicher eine etwas
untertreibende Werksangabe. Für R 62
und R 57 werden jeweils 18 PS Höchstleistung angegeben, wobei die seitengesteuerte, langhubige 750er allerdings
deutlich mehr Durchzugskraft zu bieten
hat als der Halbliter-Quadrathuber mit
den im Kopf angeordneten Ventilen.

17

1929
Mit dem „schwarzen Freitag"
an der New Yorker Börse beginnt die Weltwirtschaftskrise.
Erstmals gibt es mehr als
eine Million Kraftfahrzeuge
in Deutschland.

1930
Die Alliierten des Ersten
Weltkrieges räumen das
besetzte Rheinland.
Für Kraftfahrzeuge werden in
Deutschland Vollgummireifen
verboten.

1931
Die Weltwirtschaftskrise
verschärft sich; in Deutschland
sind rund sechs Millionen
Menschen arbeitslos, in den
USA 14 Millionen.
Vereinigung des von
zwanzig Jahren Bürgerkrieg
zerrissenen Chinas unter
der kommunistischen
Regierung Tschiang
Kai-Scheks.

1932
Die NSDAP wird die stärkste
Fraktion im Reichstag.
Zwischen Köln und Bonn wird
die erste deutsche Autobahn
eröffnet.

1933
Adolf Hitler wird Reichskanzler,
die Nationalsozialisten ergrei-
fen die Macht: Reichstagsbrand,
Ermächtigungsgesetz, Auf-
lösung der politischen Parteien.
Neue Motorräder und Personen-
kraftwagen werden in
Deutschland steuerfrei.

1934
Österreichs Bundeskanzler
Engelbert Dollfuß wird bei
einem nationalsozialistischen
Putschversuch ermordet.
Erstmals gibt es mehr
als eine Million Motorräder in
Deutschland.

1935
Nach einer Volksabstimmung
gibt Frankreich das Saargebiet
an Deutschland zurück.
Die antisemitischen
„Nürnberger Gesetze" werden
verkündet.

Mit den Modellen R 52 und R 57 sowie R 62 und R 63 hat BMW Ende der 20er Jahre eine ziemlich konkurrenzfähige Modellpalette, von der in zwei Jahren rund 10.500 Exemplare abgesetzt werden kön-nen. Ein nicht unerheblicher Teil davon wird exportiert, denn inzwischen ist der gute Ruf der Marke mit dem weißblauen Signet auch über die Grenzen gedrungen. Die deutschen Behörden entwickeln sich langsam aber sicher ebenfalls zu guten BMW-Kunden: Die Polizei beispielsweise löst immer mehr ihrer D-Rad-Einzylinder durch R 52 ab, und das Militär ordert zahl-

1931 kommt für die führerscheinfreie 200-cm³-Klasse die R 2 mit Einzylindermotor und 6 PS auf den Markt

AUF DEM WEG ZUR WELTMARKE

Als Konsequenz aus zahlreichen Rahmenrissen an den verlöteten Rohrrahmen rüstet BMW die 750-cm³-Boxer 1929 mit Preßstahlrahmen aus. Das seitengesteuerte Modell heißt von nun an R 11 (im Bild), die obengesteuerte Maschine R 16

reiche R 62, meist mit Seitenwagen. Damit ist die Motorradproduktion der tragende Teil der BMW AG, auch wenn der Flugmotorenmarkt sich inzwischen durch die im Wiederaufbau befindliche Reichswehr und die Gründung der „Lufthansa" ein wenig erholt hat und BMW daran keinen geringen Anteil hat. Mit einem in Lizenz des amerikanischen Konzerns Pratt & Whitney produzierten Hornet-Flugmotor und mit den eigenen Sechs- und Zwölfzylindern werden gute Umsätze gemacht. Der Hornet ist ein Neunzylindermotor mit 27.700 cm³ Hubraum und 525 PS, der später in einer verbesserten Version die legendäre Ju 52 antreiben wird.

Der deutschen Wirtschaft geht es nicht schlecht, und im Winter 1928/29 kann die BMW AG auf ihr bislang erfolgreichstes Geschäftsjahr zurückblicken: Der Umsatz hat sich mit 27,2 Millionen Mark seit 1926 verdreifacht, und das Werksgelände an der Lerchenauer Straße – so heißt inzwischen die frühere Neulerchenfeldstraße – ist kaum wiederzuerkennen. Die alten Holzbaracken des Gustav Otto sind festen Ziegelhallen gewichen, in denen in großzügiger Weise die verschiedenen Fließband-Fertigungsanlagen und Montage-Abteilungen untergebracht sind. Es gibt

inzwischen eine separate Forschungs- und Entwicklungsabteilung, und das nördliche Werksgelände beherrscht eine ovale Einfahrstrecke mit überhöhten Kurven. Im Inneren des Ovals gibt es einen Prüfstand für Flugmotoren, der unterirdisch mit den Montagehallen verbunden ist. Bei der Mobilisierung des für solche Investitionen nötigen Kapitals ist es dem Werk sicher oft zugute gekommen, daß der Aufsichtsratsvorsitzende der AG, Dr. Emil Georg von Stauss, gleichzeitig der Direktor der Deutschen Bank ist.

Einziger Grund zur Unzufriedenheit bei BMW kann die Tatsache sein, daß der ursprünglich geplante Einstieg in das Automobilgeschäft immer noch nicht so richtig gelungen ist. Die Verhandlungen mit Daimler Benz über die Gründung eines Süddeutschen Automobilkonzerns kommen nicht voran. Immerhin hat die BMW AG von der Gothaer Waggonfabrik AG im November 1928 die Fahrzeugwerke Eisenach übernommen, wo seit einiger Zeit ein kleines Auto namens Dixi gebaut wird. Diese Kopie des Austin Seven kommt nun mit dem BMW-Markenzeichen auf Deutschlands Straßen. Doch kaum ist dieser erste Schritt getan, da kündigt der New Yorker Börsenkrach vom

25. Oktober 1929 die Weltwirtschaftskrise an und erstickt alle weiteren Auto-Pläne bei BMW vorerst im Keim. Der Dixi verkauft sich 1929 immerhin in 5.500 Exemplaren, im Jahr darauf sogar 6.792 mal. Durch diesen Erfolg und die Tatsache, daß sich das Motorradgeschäft sogar als krisensicheres Standbein erweist, übersteht die BMW AG die kommenden schweren Jahre hoher Arbeitslosigkeit relativ unbeschadet.

In der Entwicklungsabteilung hat es inzwischen eine bedeutsame Veränderung gegeben: Rudolf Schleicher hat BMW nach ständigen Meinungsverschiedenheiten mit seinem Vorgesetzten Max Friz 1927 verlassen. Im Gegensatz zu dem technischen Direktor ist Schleicher der Meinung gewesen, daß BMW mehr Geld in die Entwicklung von Werksrennmaschinen investieren müsse, um im Motorsport konkurrenzfähig zu bleiben und mit werbewirksamen Rennerfolgen die Marktposition zu sichern. Die Installation eines teuren Motorprüfstandes, der für die Fortentwicklung der Rennmotoren inzwischen unabdingbar geworden ist, hat er noch mit viel Hartnäckigkeit durchsetzen können, doch als Friz ihm alle Versuche mit Kompressormotoren verbietet, da sieht

Schleicher keine Perspektive mehr, die starken englischen Werksmaschinen zu schlagen – er zieht die Konsequenzen und wechselt am 1. April 1927 von BMW in München zu Horch in Zwickau.

Sepp Hopf muß sich nun allein um die Renneinsätze kümmern, und noch im selben Jahr bewahrheiten sich Schleichers Befürchtungen. Bei der großen Eröffnungsveranstaltung des Nürburgringes kann zwar Toni Bauhofer auf einer neuen 750er BMW gewinnen, aber nur vier Wochen später erleben die Bayern beim Großen Preis von Europa an derselben Stelle eine bittere Niederlage: Alle acht gestarteten BMW fallen aus. Von nun an haben es die BMW schwer gegen die schnellen Sunbeam, Norton und Rudge, und nun ist es an Hopf, für die Weiterentwicklung der Kompressormotoren zu kämpfen. Ihm kommen dabei neben den abbröckelnden Rennerfolgen zwei glücklichere Umstände zu Hilfe: Erstens macht sich Ernst Henne, ein erfolgreicher Motorrad- und Autohändler und seit 1926 auch Werksfahrer bei BMW, bei Franz Josef Popp dafür stark, ein Hochgeschwindigkeits-Motorrad zu entwickeln, mit dem er den zu dieser Zeit ungemein werbeträchtigen und hart umkämpften Geschwindigkeits-Weltrekord für Motorräder brechen will. Für ein Rekordfahrzeug aber – darüber sind sich alle einig – ist ein leistungssteigernder Kompressor unabdingbar. Zweitens beginnt auch in der BMW-Flugmotoren-Produktion gerade in dieser Zeit der Einsatz aufgeladener Motoren. Als Popp zusagt, ist es nur logisch, daß auch für die Rennmaschinen wieder Kompressormotoren entwickelt werden. Schon Ende der Saison 1928 kommen beim Kolberger Bäderrennen testweise zwei auf der R 63 basierende Maschinen zum Einsatz, die es immerhin auf eine Leistung von 45 PS bringen. Allerdings ist deren Motorcharakteristik selbst für die erfahrenen Werksfahrer sehr gewöhnungsbedürftig, und auch ihre Standfestigkeit läßt noch zu wünschen übrig – beide Maschinen fallen in Kolberg aus.

Trotzdem rüstet BMW 1929 gleich drei Werksfahrer, nämlich Karl Stegmann, Hans Soenius und Sepp Stelzer, mit Kompressormaschinen aus. Die Motoren sind jetzt standfester, doch extrem startunwillig. Zudem erreichen die Motorräder durch die mechanischen Kompressoren ein recht hohes Gewicht, so daß der große Durchbruch mißlingt. Zwar können Soenius und Stelzer die Deutsche Meisterschaft in den Klassen bis 500 cm³ und bis 750 cm³ erringen, die großen internationalen Erfolge bleiben jedoch aus – sogar beim deutschen Grand Prix auf dem Nürburgring langt es nur für einen dritten Platz. Den Tiefpunkt erreicht das BMW-Team in der Saison 1930, als es zu mehreren Unfällen kommt: Karl Gall, der nach einem Jahr Unterbrechung wieder zu BMW zurückgekehrt ist, stürzt gleich zweimal schwer, und Karl Stegmann kommt beim Training zu einem Bergrennen in der Tschechoslowakei ums Leben. Als man dann in München auch noch erkennen muß, daß mit der von dem Engländer Walter William Moore entwickelten Königswellen-NSU sogar auf nationaler Ebene ein fast unbesiegbarer Gegner erwachsen ist, zieht sich BMW mitten in der Saison aus dem Rennsport zurück. Wesentlich erfolgreicher ist der Einsatz des Kompressormotors bei den von Ernst Henne angeregten und dann auch von ihm selbst gefahrenen Rekordversuchen. Die Erfolgsserie beginnt am 19. September 1929 auf der schmalen Ingolstädter Landstraße, wo Henne den bestehenden Weltrekord von 206,4 km/h – aufgestellt von dem Briten Bert Le Vack mit einer 1000 cm³ Brough Superior – um mehr als 10 km/h übertrifft. Die Rekord-BMW basiert auf einer R 63, das Fahrwerk wurde in Hennes Werkstatt präpariert, und der 750-cm³-Boxer leistet mit Kompressor und Alkohol-Treibstoff betrieben sensationelle 55 PS. Bereits ein Jahr später, am 30. September 1930, muß Henne den Weltrekord erneut in Angriff nehmen, weil er BMW inzwischen von dem Engländer Wright auf einer 1.000er E.C.Temple mit 220,99 km/h entrissen worden ist. Wieder gelingt das Vorhaben im ersten Versuch – wenn auch denkbar knapp: Henne übertrifft die Rekordmarke um 0,55 km/h. Diesmal darf er sich nur fünf Wochen lang als Weltrekordler bezeichnen, denn schon am 6. November 1930 erreicht Wright bei einem erneuten Rekordversuch unglaubliche 242,57 km/h. Verzweifelt suchen die BMW-Techniker über Winter nach Möglichkeiten, die Motorleistung der Rekordmaschine zu erhöhen und ihre Aerodynamik zu verbessern,

SCHNELLSTES MOTORRAD DER WELT

Die R 12 ist bis auf den seitengesteuerten Motor identisch mit der oben abgebildeten R 17 und bietet sich Mitte der 30er Jahre als preiswertere Alternativlösung für den Tourenfahrer an

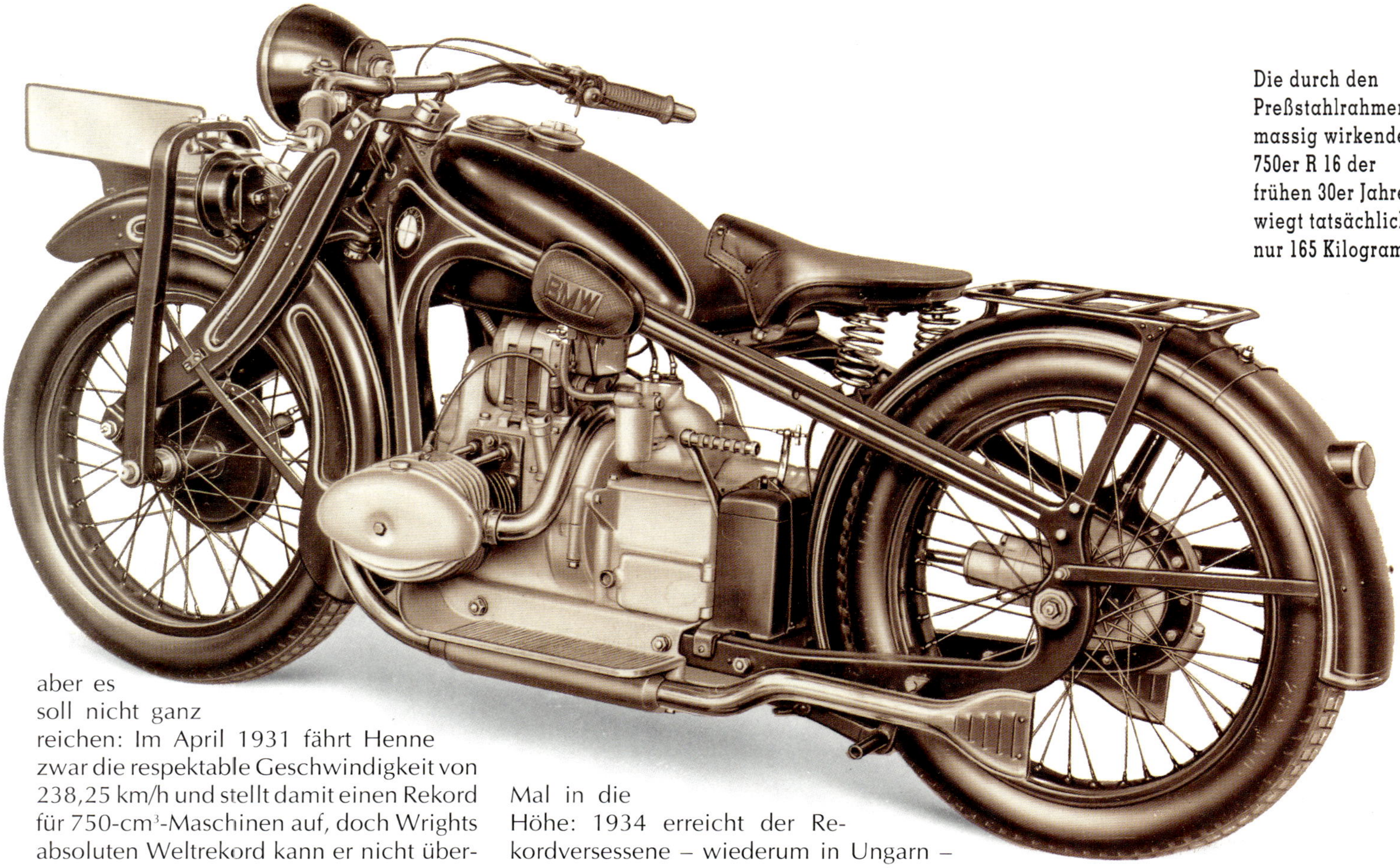

Die durch den Preßstahlrahmen massig wirkende 750er R 16 der frühen 30er Jahre wiegt tatsächlich nur 165 Kilogramm

aber es soll nicht ganz reichen: Im April 1931 fährt Henne zwar die respektable Geschwindigkeit von 238,25 km/h und stellt damit einen Rekord für 750-cm³-Maschinen auf, doch Wrights absoluten Weltrekord kann er nicht überbieten. Bei BMW ist man ratlos. Auf Drängen von Ernst Henne wagt man schließlich einen Versuch, Rudolf Schleicher von Horch zurückzuholen. Da der Automobilhersteller zu dieser Zeit wirtschaftlich nicht auf besonders sicheren Füßen steht, geht Schleicher auch tatsächlich auf das Angebot ein und kehrt nach München zurück. Eine für beide Seiten fruchtbare Entscheidung, wie sich schon ein Jahr später herausstellt: Schleicher entwickelt einen Lamellen-Kompressor, der die Rekord- BMW schier unschlagbar macht. Am 3. November 1932 stellt Henne auf der Landstraße von Tata/Ungarn in Anwesenheit des Reichsverwesers von Ungarn und zahlreicher anderer Persönlichkeiten des öffentlichen Lebens mit 244,4 km/h einen neuen Weltrekord auf. Von nun an bleibt Henne selbst sein schärfster Konkurrent. Er schraubt den Rekord ein um das andere Mal in die Höhe: 1934 erreicht der Rekordversessene – wiederum in Ungarn – 246,1 km/h, 1935 fährt er 256,0 km/h. 1936 überschreitet Henne auf der neuen Autobahn bei Frankfurt mit einer vollverkleideten Rekordmaschine die 270-km/h-Marke um 2 km/h, und 1937 verpaßt er 280 km/h um nur einen halben Stundenkilometer – ein Rekord, der bis 1951 ungebrochen bleiben soll.

Parallel zur Entwicklung des für die Rekordfahrten so wichtigen Kompressormotors verläuft in dieser Zeit eine für die Serienproduktion noch viel bedeutsamere Änderung, nämlich der Wechsel von Rohrrahmen zu Preßstahlrahmen. In den späten 20er Jahren kommt es an den Fahrgestellen der BMW-Motorräder immer wieder zu Rohrrissen – vor allem im Bereich des Steuerkopfes, wo die vier Enden der beiden geschlossenen Rohrschleifen verlötet sind. Um diesem Problem aus dem Weg zu gehen, ersetzen die Entwicklungs-Ingenieure die Rundrohre durch U-förmig gepreßte Stahlprofile, die verschraubt und vernietet werden. Obwohl Aufbau und Geometrie des Rahmens ansonsten gleich bleiben, verleihen die Preßstahlrahmen den Motorrädern vor allem mit dem großflächigen Versteifungsblech im Steuerkopfbereich ein ganz anderes Aussehen. Zuerst können die Kunden die R 62 und R 63 auf Wunsch gegen einen Aufpreis von nur 100 Mark mit dem neuen Rahmen bekommen. Aber Ende 1929 wird die Produktion dieser beiden 750-cm³-Modelle ganz auf den neuen Rahmen umgestellt. Obwohl Motor und Getriebe unverändert übernommen werden, bekommen die Maschinen neue Typbezeichnungen. So will BMW deutlich machen, daß es sich hier um eine ganz neue Generation handelt: Aus der R 62 mit dem seitengesteuerten Motor M 56 wird die R 11, aus der R 63 mit dem kopfgesteuerten Motor M 60 wird die R 16. Die beiden neuen Motorräder wirken durch den flächigen Rahmen viel massiger, sind aber tatsächlich nur rund zehn Kilogramm schwerer als ihre Vorgängerinnen. Die R 16 beispielsweise wiegt 165 kg, sie verbraucht im Schnitt 6,2 Liter Benzin auf 100 Kilometer Fahrstrecke und erreicht laut eines Testberichtes in einer Fachzeitschrift eine Höchstgeschwindigkeit von 142

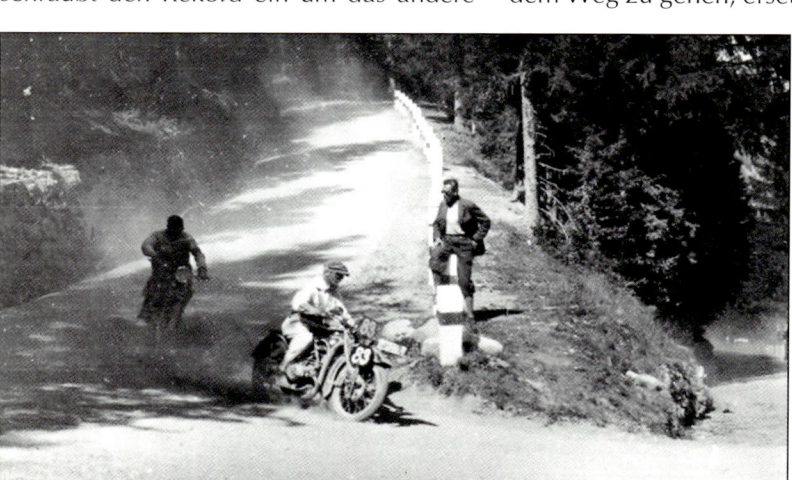

Ernst Henne ist in den 30er Jahren auch bei Zuverlässigkeitsfahrten erfolgreich – hier auf der Internationalen Sechstagefahrt 1932 am Stilfser Joch

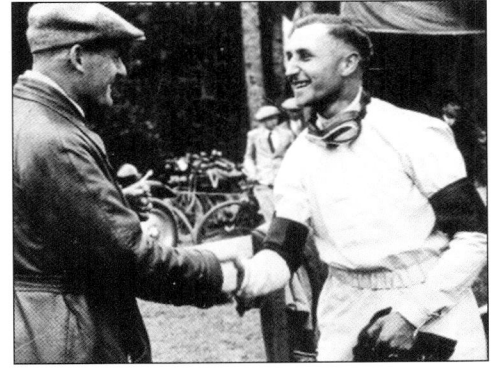

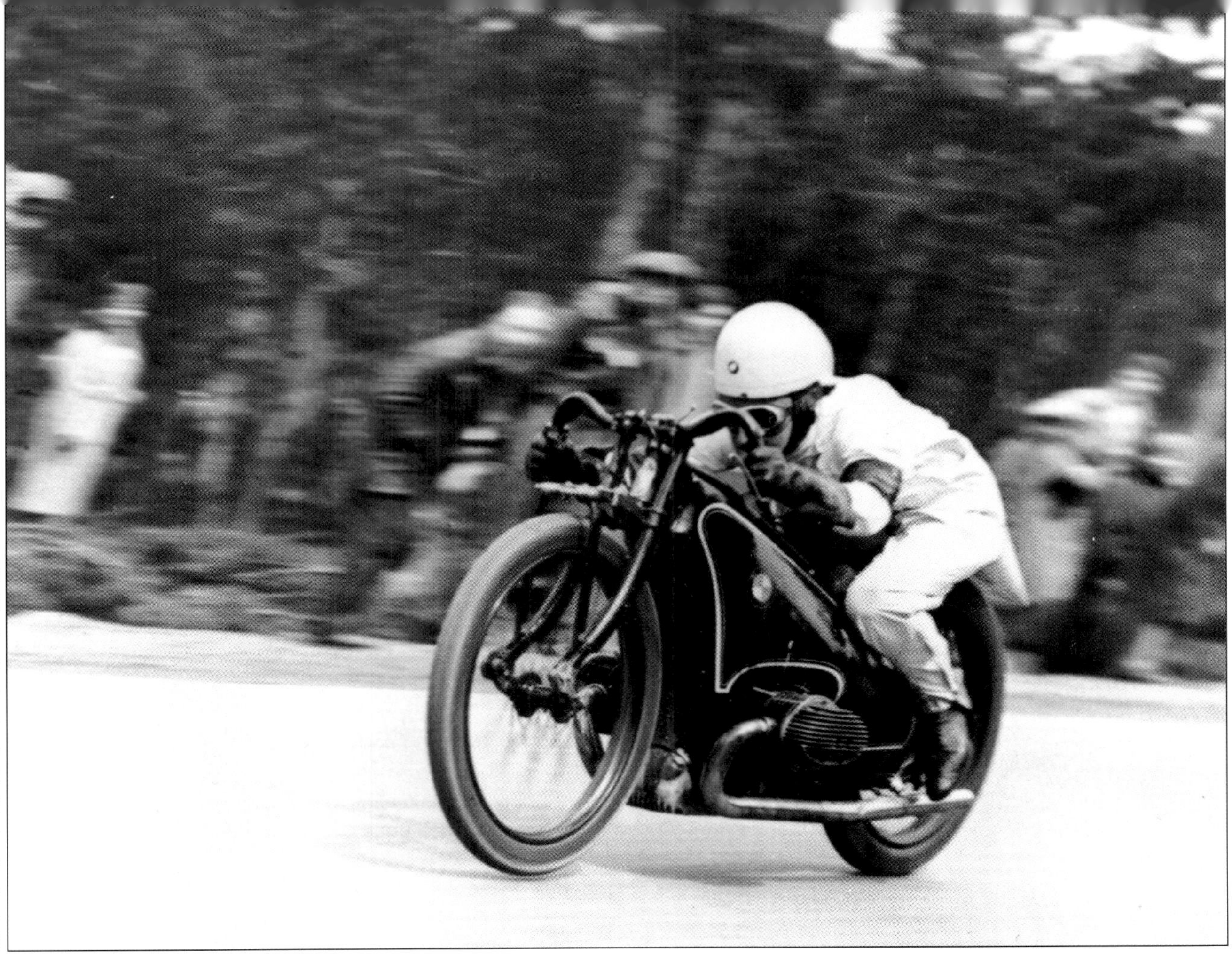

Insgesamt sieben Mal bricht Ernst Henne mit BMW-Motorrädern den absoluten Geschwindigkeits-Weltrekord. Im Bild unten gratuliert ihm der Chef der Entwicklungsabteilung, Rudolf Schleicher, nach der Rekordfahrt von 1932

km/h, obwohl BMW nur 120 km/h angibt. Die Resonanz auf R 11 und R 16 ist insgesamt sehr positiv – nicht zuletzt deshalb, weil sie sich auch im Gespannbetrieb gut bewähren und als durch und durch robuste Fahrzeuge erweisen, die den Fahrern keine übermäßigen Wartungsarbeiten abverlangen. Fünf Jahre sollen diese beiden Modelle im Programm bleiben. Während dieser Zeit werden sie einer kontinuierlichen Modellpflege unterzogen.

Trotz aller Zufriedenheit der Kunden ist man sich bei BMW im klaren darüber, daß die Weltwirtschaftskrise auch den Motorradmarkt tangieren wird, und zieht daraus zwei Konsequenzen. Erstens wird das Programm gestrafft, indem die Produktion der beiden 500-cm^3-Modelle eingestellt wird: Die R 52 verschwindet 1929, die R 57 ein Jahr später. Zweitens nimmt man die Entwicklung eines preisgünstigen Motorrades in Angriff, damit auch weniger begüterte Leute sich eine BMW leisten können. Dafür bietet sich ein 200-cm^3-Modell geradezu an, denn seit April 1928 sind Motorräder bis zu diesem Hubraum führerschein- und steuerfrei, was dieser Hubraumklasse zu einer ungeheuren Popularität verholfen hat. Natürlich soll die neue BMW – wie die R 39 Mitte der 20er Jahre – wieder ein Einzylinder-Viertakter sein, und natürlich soll sie ein preiswertes, aber kein billiges Motorrad sein, denn BMW denkt bereits an das Image der Marke. Außerdem ist das billigste Modell am Markt, eine Zweitakt-DKW zum Preis von 325 Reichsmark, preislich ohnehin nicht zu schlagen. Mit 975 Reichsmark ist die R 2 – so heißt die neue, 1931 eingeführte BMW – dann auch nicht gerade der Preisschlager der Klasse, aber schließlich ist sie mit ähnlicher Technik wie ihre großen Zweizylinder-Schwestern ausgerüstet. Ihr 198-cm^3-ohv-Motor leistet 6,0 PS bei 3.500 Touren und läßt das Motorrad eine Höchstgeschwindigkeit von 90 km/h erreichen, obwohl es durch den Viertaktmotor, den Kardanantrieb und den Preßstahlrahmen immerhin 110 kg wiegt – deutlich mehr als die rund 50 überwiegend mit Zweitaktmotoren und Kettenantrieb ausgerüsteten Konkurrenzmodelle. In zwei Punkten stellt die R 2 für BMW eine Premiere dar: Die bislang übliche Kardanbremse wird durch eine Innenbacken-Trommelbremse im Hinterrad ersetzt, und erstmals orientiert sich das Typkürzel am Hubraum der Maschine.

Die Testberichte der R 2 in den Fachzeitschriften sind durchweg positiv, und sie erweist sich von Anfang an als Verkaufsrenner: Schon im Erscheinungsjahr werden mehr als 4.000 Exemplare ausgeliefert. In der schlechten wirtschaftlichen Lage der frühen 30er Jahre kann BMW den Erfolg bei den Motorrädern allerdings auch mehr als gut brauchen: Die Verkaufszahlen des Dixi nehmen drastisch ab, und auch der Absatz der Flugzeugmotoren ist rückläufig. Im Werk wendet man sich den Motorrädern deshalb mit besonderer Sorgfalt zu. Wie R 11 und R 16, so wird auch die R 2 einer ständigen Modellpflege unterzogen. Dazu gehört die Installation einer Druckölsteigleitung zur Schmierung des Ventiltriebs, eines Stoßdämpfers an der Vorderradgabel sowie eines größeren

Scheinwerfers. Außerdem entschließt man sich, die Lücke im Programm zwischen der 200er R 2 und den 750er Modellen zu schließen und bringt 1932 die R 4 auf den Markt, ein Motorrad mit dem Fahrwerk der R 2 und einem 12 PS starken 398-cm³-ohv-Einzylindermotor. Auch dieses Modell, das für 1.250 Reichsmark angeboten wird, verkauft sich recht gut. Es entwickelt sich bald zu einem bei Polizei und Militär beliebten Kurier- und Ausbildungsfahrzeug. Obwohl die R 4 mit ihrem großen Tank und dem massigen Rahmen einen behäbigen Eindruck macht, ist sie nämlich mit ihren 140 kg Gewicht ein recht handliches und unkompliziertes Motorrad, das sich sogar für den Wettbewerbseinsatz eignet. Das Jahr 1932 ist auch das Geburtsjahr eines weiteren BMW-Fahrzeuges, das seinen Marktvorteil in der schlechten Wirtschaftslage sucht, des Kleintransporters F 76. Dieses Dreirad-Fahrzeug, eine Kombination aus Auto- und Motorradteilen, ist eine Entwicklung von Alfred Böning, der seine ersten Sporen bei NSU in Neckarsulm verdient hat. Der Transporter besitzt zwei Räder vorn und eines hinten, wird über Blattfedern gefedert und vom Motor der R 2 über eine Kardanwelle angetrieben. Aufgrund des Hubraumes von nur 198 cm³ ist er führerscheinfrei, kann allerdings auch nur 150 kg zuladen. Die Grundidee mag für die 30er Jahre richtig gewesen sein, aber dennoch wird der F 76 kein Verkaufserfolg. Er bleibt nur drei Jahre am Markt, und die 600 Exemplare, die an den Mann gebracht werden, können den beabsichtigten Zweck – die freien Kapazitäten im Eisenacher Werk zu binden – nicht erfüllen.

Die deutsche Wirtschaft scheint inzwischen dem Zusammenbruch entgegenzusteuern. Ihre Erholung nach dem Ersten Weltkrieg wird aufgezehrt von den Auswirkungen der Weltwirtschaftskrise und von den Reparationszahlungen, die Arbeitslosenzahl steuert auf die 10-Prozent-Marke zu. Die Parteien der Weimarer Republik sind zersplittert, zerstritten und handlungsunfähig, der Ruf nach einer starken Hand wird laut, der Nährboden für die Diktatur ist bereitet. Bei der Reichstagswahl am 5. März 1933 erhalten die Nationalsozialisten 44,1 Prozent der Wählerstimmen, nur vier Wochen später läßt Adolf Hitler die demokratische Maske fallen und erläßt das Ermächtigungsgesetz „zur Behebung der Not von Volk und Reich". Die schnell einsetzende wirtschaftliche Wiederbelebung festigt die Position der NSDAP, und die Kraftfahrzeug-Industrie profitiert vom „braunen" Aufschwung in ganz besonderem Maße: Die Auftragsbücher sind voll von Bestellungen der Reichswehr und der Partei mit ihren zahlreichen militärisch aufgebauten Organisationen, und erklärtes Ziel der NSDAP ist die Massenmotorisierung.

Auch für BMW bricht eine neue Zeit an. Das Werk hat es zu Ansehen in der ganzen Welt gebracht, produziert hochwertige Güter, hat immer hochgesteckte Ziele, die mit Energie, Ausdauer und Fleiß verfolgt werden – kurz, BMW repräsentiert genau das, was sich der Führer unter einem deutschen Unternehmen vorstellt, und erhält entsprechend viele Aufträge. Die Werksleitung überblickt nicht die Konsequenzen und läßt sich mit Adolf Hitler und der NSDAP ein. Generaldirektor Franz Josef Popp ist sicher kein Nazi, aber neben seiner Familie gibt es für ihn nur dieses Werk, das er gegründet hat, dessen Ideale er geprägt hat und dessen Wohlergehen ihm mehr am Herzen liegt als alles andere. Die Aufträge und das Wohlwollen der Nazis sichern scheinbar dieses Wohlergehen, und Popp unterschätzt – bewußt oder unbewußt – die Einflußnahme der Partei und des Staates auf das Werk. Immerhin gelingt es ihm, den rüstungsorientierten Flugmotorenbau Ende 1934 als selbständige Firma namens BMW Flugmotorengesellschaft mbH aus dem Werk auszugliedern, um so die Fahrzeugproduktion möglichst unabhängig fortführen zu können.

Der wirtschaftliche Aufschwung des Werkes scheint Popps Strategie Recht zu geben: 1934 haben sich Umsatz und Belegschaft im Vergleich zum Vorjahr nahezu verdoppelt, es wird in mehreren Schichten gearbeitet. Allerdings verändert sich das Betriebsklima gewaltig: Die Arbeiter empfinden die Betriebsversammlungen immer mehr als reine NSDAP-Veranstaltungen und bleiben den Versammlungen fern.

Auch der seitengesteuerte Boxer erhält 1935 eine hydraulisch gedämpfte Telegabel und heißt fortan R 12

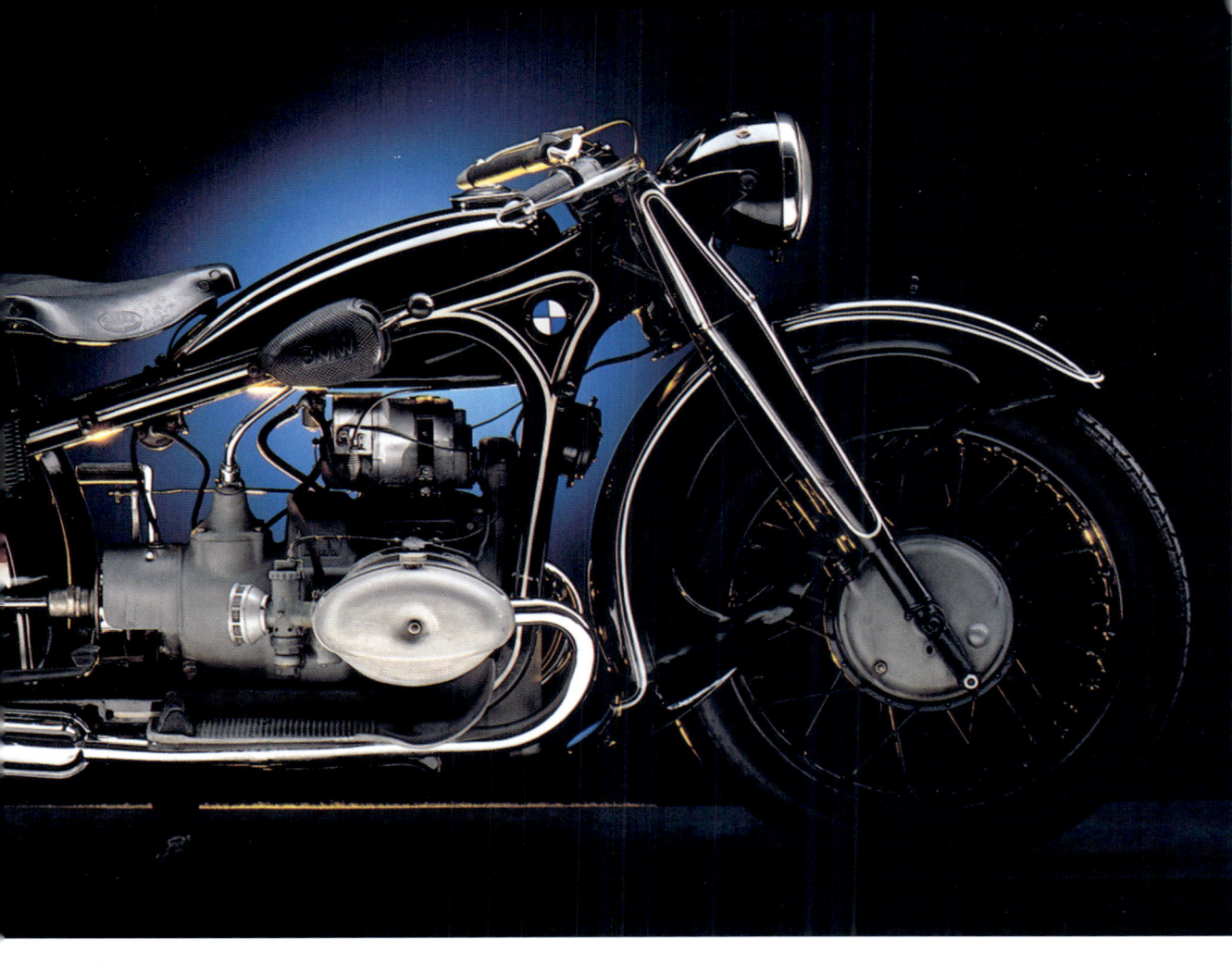

Das erste Serien-Motorrad der Welt mit hydraulischer Teleskopgabel: die R 17 von 1935. Das Hinterrad allerdings bleibt selbst an dieser über 2.000 Reichsmark teuren BMW ungefedert

Daraufhin werden Pflichtappelle und Pflichtschulungen eingeführt, und die Arbeiter müssen sich unter Androhung der fristlosen Kündigung schriftlich verpflichten, außerhalb des Werkes Stillschweigen über betriebliche Belange zu wahren und sich innerhalb des Werkes nur in unmittelbarer Nähe ihres Arbeitsplatzes aufzuhalten. Trotzdem spricht es sich bald herum, daß auch in der Motorradproduktion Rüstungsaufträge erfüllt werden – zum Beispiel in Form von Gespannen mit Maschinengewehr-Haltern auf dem Seitenwagen. Solange allerdings die Löhne bei BMW überdurchschnittlich hoch sind, sind die Arbeiter und Angestellten bereit, die NSDAP-Infiltration des Werkes hinzunehmen und sich der Bespitzelung dadurch zu entziehen, daß sie sich am Arbeitsplatz politische Äußerungen verkneifen. Als aber die Preise auch den BMW-Löhnen davonzulaufen beginnen, wird die Stimmung im Werk schlechter, und die Partei versucht, die Belegschaft mit „Kraft-durch-Freude"-Aktionen, Geburtshilfe-Zuschüssen und Urlaubsbeihilfen zu motivieren. Doch inzwischen ist vielen klar, daß die BMW-Werksleitung den falschen Weg eingeschlagen hat. In diesen ersten Jahren des Nationalsozialis-

mus gibt es natürlich auch in der Führungsriege von BMW Leute wie Rudolf Schleicher, die mit politischen Entscheidungen nicht befaßt sind und einfach das tun, was sie auch ohne die Partei gemacht hätten: Sie forschen, entwickeln, testen und verbessern das Produkt, das ihnen seit Jahren am Herzen liegt. Zusammen mit Fritz Fiedler, der ihm von Horch zu BMW gefolgt ist, entwickelt Schleicher ein völlig neues Auto-Modell mit ohv-Sechszylindermotor, den BMW 303.

Als Max Friz die Leitung des neuen Eisenacher Flugmotorenwerkes übernimmt, wird Schleicher sein Nachfolger als technischer Direktor des Münchener Automobil- und Motorradwerkes. Er überläßt Fiedler die Führung der Automobil-Konstruktionsabteilung; die Auto-Versuchsabteilung und die erweiterte Motorrad-Entwicklungsabteilung aber leitet Schleicher nach wie vor selbst. Dort befaßt man sich intensiv mit der BMW-typischen Modellpflege, die schließlich 1935 in der Präsentation zweier neuer Modelle auf der Internationalen Automobilausstellung gipfelt. Die beiden 750-cm³-Modelle R 11 und R 16 erhalten statt der mechanisch gedämpften Blattfederschwinge eine hydraulisch gedämpfte

Teleskopgabel – eine Weltpremiere im Serienbau. Außerdem werden sie mit einer Hinterrad-Trommelbremse anstelle der Kardanbremse ausgestattet, erhalten ein Getriebe mit vier statt drei Gängen und heißen nun R 12 und R 17 anstatt R 11 und R 16. Die seitengesteuerte R 12 wird in zwei Versionen angeboten, nämlich wahlweise mit einem Sum-Registervergaser und Magnetzündung oder mit zwei Amal-Vergasern und Batteriezündung. Das Einvergaser-Modell wird allerdings fast ausschließlich von der Wehrmacht geordert; 1935 macht der Verkauf von R 4 und R 12 an Behörden und Militär fast die Hälfte der gesamten BMW-Motorradproduktion aus. Das Zweivergaser-Modell der R 12 aber entwickelt sich zum Erfolgsmodell bei den Zivilfahrzeugen, weil es mit dem Preis von 1.630 Reichsmark zwischen der R 4 und der R 17 liegt. Letztere zählt mit 2.040 Reichsmark doch eher zu den Luxusfahrzeugen.

Insgesamt produzieren die Bayerischen Motorenwerke inzwischen 10.000 Motorräder pro Jahr und liegen damit in Deutschland an fünfter Stelle hinter DKW, NSU, Expreß und Zündapp. In der Klasse über 350 cm³ darf sich BMW inzwischen sogar Marktführer nennen.

1936
Der spanische Bürgerkrieg bricht aus.
Olympische Spiele in Berlin.
Benzineinspritzung und Kunstharzlack
werden erfunden.

1937
Überfall Japans auf China.
Das deutsche Luftschiff „Hindenburg" explodiert
in den USA, 36 Menschen sterben.

1938
Anschluß Österreichs an Deutschland;
Einmarsch deutscher Truppen in das
tschechoslowakische Sudetenland.
Der organisierte Terror gegen Juden erreicht
in Deutschland mit der „Reichskristallnacht"
einen ersten Höhepunkt.

1938
Deutsche Truppen fallen in Polen ein;
Frankreich und Großbritannien erklären
Deutschland den Krieg.
Die Fertigung des Volkswagens beginnt.
In Deutschland wird der Haftpflicht-
Versicherungszwang eingeführt;
Benzin wird zum Einheitspreis von
40 Pfennig je Liter verkauft.

1940
Deutsche Truppen erobern Dänemark, Norwe-
gen, die Niederlande, Belgien und Frankreich.
Erstmals werden in den USA Lebensmittel
durch Gefriertrocknung konserviert.

1941
Deutscher Angriff auf Jugoslawien, Griechen-
land, die Sowjetunion und auf britische Truppen
in Nordafrika; japanischer Angriff auf
den US-Stützpunkt in Pearl Habour.
Deutschland erklärt den USA den Krieg.

1942
Der deutsche Angriff stockt im Osten durch
die Niederlage bei Stalingrad und in Nordafrika
durch die Landung alliierter Truppen.
An der Universität von Chicago wird die erste
kontrollierte nukleare Kettenreaktion erzeugt.

1943
Die deutschen Truppen werden an allen
Fronten von den Alliierten zurückgedrängt,
Italien kapituliert.
Die Industrie im Deutschen Reich produziert fast
ausschließlich Rüstungsgüter, die Herstellung
ziviler Fahrzeuge wird gestoppt.

1944
Invasion der alliierten Truppen in der Normandie, Vordringen der Roten Armee bis nach Polen.
Das Attentat von Graf Schenk von Stauffenberg
auf Adolf Hitler schlägt fehl.

1945
Deutschland kapituliert am 7. Mai und wird in
vier Besatzungszonen aufgeteilt.
Ein US-Flugzeug wirft die erste Atombombe
über Hiroshima ab.

Seit dem Rückzug der BMW-Werks-
mannschaft im Jahr 1930 haben im
Straßenrennsport vornehmlich Privatfahrer das BMW-Banner hochgehalten.
Werksrennmaschinen sind nur ganz ver-
einzelt an den Start gegangen – meist,
wenn die Entwicklungsabteilung Tests
unter Wettbewerbsbedingungen durch-
führen wollte. Dann sind vor allem Karl
Gall und Sepp Stelzer an den Start geschickt worden. Aber abgesehen von
einem eindrucksvollen Sieg und Strecken-
rekord Stelzers beim Großen Preis von
Deutschland 1933 auf der Berliner Avus ist

FÜR HÖCHSTE ANSPRÜCHE

VON DER BLÜTE
IN DEN KRIEG

bei solchen Einsätzen sportlich nicht viel herausgekommen. Zwei Jahre später aber, wieder auf der Avus, sorgt der Auftritt zweier Werksmotorräder für großes Aufsehen. Während Karl Gall die bekannte Rennmaschine an den Start bringt, sitzt Ludwig „Wiggerl" Kraus, ein BMW-Monteur aus der Versuchsabteilung, auf einem aufsehenerregend neuen Motorrad. Kraus, Ersatzfahrer für Sepp Stelzer und bislang im Sport nur als Gespannfahrer aufgefallen, fährt ein Kompressor-Motorrad, das sich in allen Details von Galls Maschine unterscheidet: Es besitzt statt des klobigen

Preßstahlrahmens einen eleganten Doppelschleifen-Rohrrahmen sowie einen komplett neuen Boxermotor mit zwei obenliegenden, über eine Königswelle angetriebenen Nockenwellen je Zylinder. Zwar ist es Gall, der mit den schwedischen Husqvarnas einen erbitterten Kampf um den Sieg führt, doch dem schließlich fünftplazierten Kraus gilt dank seines Motorrades die Aufmerksamkeit der internationalen Presse. Nach dieser bestandenen Feuertaufe taucht die neue Maschine 1935 noch bei verschiedenen Sportveranstaltungen bis hin zur Gelände-Zuverlässigkeitsfahrt in Obersdorf auf. Als dann auch noch Ernst Henne, Sepp Stelzer und das Gespann-Duo Wiggerl Kraus/Sepp Müller mit den neuen Motorrädern an der Mittelgebirgsfahrt, einer Veranstaltung auf öf-

Die Rückkehr zum Rohrrahmen, jetzt mit verschweißten Rohren: die kopfgesteuerte R 5 von 1936 mit 500 cm³ und 24 PS. Ihr ohv-Boxermotor ist eine Neukonstruktion mit Tunnelgehäuse und zwei Nockenwellen

1937 folgt der R 5 im selben Fahrwerk die seitengesteuerte R 6 mit 600 cm³ und 18 PS. Auch ihr sv-Boxermotor ist wieder eine Neukonstruktion mit Tunnelgehäuse, aber nur einer Nockenwelle

Auch einen Einzylinder mit Rohrrahmen gibt es ab 1937 wieder: die R 20 (im Bild) mit ohv-Single, 200 cm³ und 8 PS. Einziges Modell mit Preßstahlrahmen bleibt die R 35

fentlichen Straßen, teilnehmen, da keimt bei den Fachleuten der Branche der Verdacht auf, daß es sich nicht nur um die zukünftige BMW Rennmaschine, sondern auch um ein neues Serien-Motorrad handelt.

Auf der Berliner Automobil- und Motorrad-Ausstellung IAMA 1936 bewahrheitet sich diese Vermutung: BMW sorgt mit der Präsentation der R 5, dem ersten wirklich neuen Modell seit fünf Jahren, für weltweites Aufsehen. Der leichte Doppelschleifenrahmen dieses 500-cm³-Motorrades fällt durch gezogene Ovalrohre auf, die im Elektro-Schutzgas-Verfahren miteinander verschweißt sind, die hydraulische Dämpfung der mit 100 Millimetern Federweg sehr langhubigen Telegabel kann über einen Hebel in ihrer Wirkung variiert werden. Dem Zweizylinder-

Am 28. November 1937 bricht Ernst Henne zum letzten Mal den absoluten Geschwindigkeitsweltrekord für Motorräder. Er erreicht 279,5 km/h, ein Rekord, der bis 1951 Bestand hat

Boxermotor fehlen zwar im Unterschied zur Rennmaschine die Königswellen und der Kompressor, aber er ist immerhin eine komplette Neukonstruktion mit einem steifen Tunnelgehäuse anstelle des bislang üblichen horizontal geteilten Motorgehäuses und mit zwei Nockenwellen anstatt einer. Die Verwendung von zwei Nockenwellen erlaubt sehr kurze Stößelstangen und damit für ohv-Verhältnisse recht hohe Drehzahlen. Das M 254/1 getaufte Triebwerk leistet erstaunliche 24 PS bei 5.500 Umdrehungen pro Minute und soll der R 5 zu einer Spitzengeschwindigkeit von 140 km/h verhelfen. Das Viergang-Getriebe ist erstmals mit einem Fußschalthebel versehen, und das ganze Motorrad wirkt viel zierlicher und sportlicher als die massigen 750er. Die R 5 wird nicht nur in Deutschland mit Begeisterung

aufgenommen. Sogar die englische Fachpresse bedenkt sie mit positiver Kritik und lobt besonders die Laufruhe des Boxers im Vergleich zu den britischen Motorrädern, die bislang immer als das Maß aller Dinge gegolten haben. Auf dem deutschen Markt können die Maschinen von der Insel der R 5 allerdings ohnehin nicht allzu gefährlich werden, weil inzwischen alle Importe mit hohen Abgaben belegt werden. Auch wenn es trotzdem noch genügend Konkurrenz für BMW seitens Zündapp, Ardie, DKW, Victoria, NSU, Triumph und Standard gibt und deren 500-cm³-Maschinen durchweg weniger kosten als die R 5, wird ihr Preis in Höhe von 1.550 Mark vom Publikum doch als angemessen empfunden. Noch 1936 kann BMW bereits 1.500 Exemplare verkaufen. Ganz im Gegensatz zur modernen R 5 steht die zwei-

te BMW-Neuheit des Jahres 1936, die R 3. Um das gesamte Marktsegment unterhalb von 500 cm³ Hubraum abzudecken, schiebt das Werk dieses mit R 2 und R 4 weitgehend baugleiche 300-cm³-Modell zwischen die beiden anderen Einzylinder. Doch die BMW-Singles sind inzwischen schon zu betagt, als daß auch noch die R 3 ein Erfolg werden könnte. Man erkennt dies in München sehr schnell und ersetzt schon im Jahr darauf R 3 und R 4 durch ein einziges überarbeitetes und besonders preiswertes Modell, die R 35. Sie leistet 14 PS aus 342 cm³, fällt mit diesem Hubraum im Motorsport sehr günstig in die 350-cm³-Klasse, und unterscheidet sich von ihren Vorgängerinnen im wesentlichen dadurch, daß ihr Vorderrad von einer Teleskopgabel geführt wird. Der Preßstahlrahmen bleibt der R 35 erhalten, aber der Preis von 995 Reichsmark – 155 Mark weniger als der Preis für die R 4 – weiß die Kunden zu überzeugen: Die Maschine wird ein Erfolg.

In den Jahren 1937 und 1938 hagelt es geradezu weitere BMW-Neuheiten. Der Erfolg der R 5 bei den sportlich orientierten Motorradfahrern ermutigt die Münchener, im selben Fahrgestell auch einen seitengesteuerten Motor für die Touren- und Gespannfahrer anzubieten. Dabei greifen sie aber keineswegs auf den existierenden 750-cm³-Boxer zurück, sondern sie konstruieren einen neuen 600er. Der hat wie der ohv-Motor der R 5 ein Tunnelgehäuse, aber anstelle von zwei kettengetriebenen Nockenwellen nur eine zahnradgetriebene; die Zylinderköpfe gleichen denen des alten sv-Motors. Das Motorrad nennt sich R 6, bringt es auf 18 PS und 125 km/h und kostet 1.375 Reichsmark.

Der alte Preßstahlrahmen will bei so vielen Neuerungen nicht mehr so recht zum dynamischen BMW-Image passen und soll deshalb möglichst schnell verschwinden – abgesehen von der gerade erst eingeführten R 35, die der Preisschlager und das typische Behördenfahrzeug im BMW-

Programm bleiben soll. Die Entwicklungsabteilung beginnt am unteren Ende der Palette und löst die R 2 durch die R 20 ab. Die neue Maschine bekommt einen Rohrrahmen ähnlich dem der R 5, die Telegabel der R 35 und einen neuentwickelten Einzylindermotor, der die Lichtmaschine nun auf dem vorderen Kurbelwellenstumpf trägt und insgesamt einen wesentlich weniger wuchtigen Eindruck macht als der Single der R 2. Durch den filigraneren Rahmen und den zierlicheren Motor wirkt die R 20 wesentlich leichter als ihre Vorgängerin, auch wenn sie tatsächlich 20 Kilogramm mehr wiegt. Aber trotz ihrer 130 kg macht der 8 PS starke neue Motor die R 20 immerhin 95 km/h schnell, genauso schnell wie die leichtere R 2. Da die R 20 mit einem Preis von 725 Reichsmark auch noch 25 Prozent billiger ist als die R 2 und zudem mit einem äußerst günstigen Benzinverbrauch von drei Litern auf 100 Kilometer aufwartet, ist der Verkaufserfolg des neuen Modells geradezu vorprogrammiert. Schon im ersten Verkaufsjahr sind ein Viertel aller BMW-Motorräder, die das Werk verlassen, R 20 – mehr als 3000 Stück. Trotz dieses Erfolges muß sich die kleine BMW schon ein Jahr später eine Änderung gefallen lassen. 1938 tritt nämlich in Deutschland die erste Straßenverkehrsordnung (StVO) und die erste Straßenverkehrszulassungsordnung (StVZO) in Kraft. In deren Rah-

1938 führt BMW die von Alexander von Falkenhausen entwickelte Geradweg-Hinterradfederung an vier Boxer-Modellen ein: an den kopfgesteuerten Motorrädern R 51 (Bild) und R 66.....

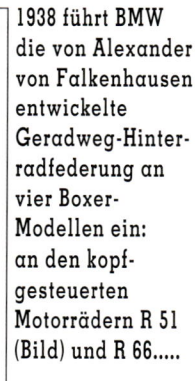

Im Jahr 1938, als BMW-Werksfahrer Karl Gall auf der Isle of Man tödlich verunglückt, geht dort der Stern eines neuen Ausnahmetalentes auf: Georg „Schorsch" Meier

.....sowie an den seitengesteuerten Modellen R 61 und R 71 (Bild). Die ebenfalls seitengesteuerte R 12 wird von nun an nur noch für die Wehrmacht produziert

Schorsch Meier gewinnt 1939 auf einer BMW als erster Kontinental-Europäer auf einem nicht aus England stammenden Motorrad die Tourist Trophy auf der Isle of Man. Das Foto zeigt ihn im Strecken-abschnitt Governors Bridge

men werden alle Motorfahrzeuge mit mehr als 100 cm³ Hubraum führerschein-pflichtig – für Motorräder bis 250 cm³ braucht man nun den Führerschein IV. Diese gesetzliche Änderung läßt natürlich einerseits befürchten, daß der Markt der Leichtmotorräder erheblich schrumpfen wird; andererseits wollen deren Hersteller natürlich wenigstens den neuen Hub-raum-Spielraum ausnutzen. BMW bohrt den Motor der R 20 auf 247 cm³ auf; er lei-stet nun 10 PS bei 5.400 Umdrehungen. Das neue Modell wird aus unerfindlichen Gründen R 23 statt R 25 genannt, wie es der neue Hubraum nahegelegt hätte. Äußerlich zu erkennen ist die R 23 daran, daß der Werkzeugkasten nun im Tank ver-senkt ist. Das gereicht ihr optisch zwar zum Vorteil, reduziert den Tankinhalt aber von 12,0 auf 9,6 Liter. Der neue Führer-schein hat nicht den erwarteten negativen Einfluß auf den Verkauf der kleinsten BMW; im Gegenteil, die R 23 wird zum

bis dahin bestverkauften BMW-Motorrad – allein 1939 werden 6.000 Stück produ-ziert.

Während der 30er Jahre ist die BMW-Ent-wicklungsabteilung immer mit einigen herausragenden Technikern bestückt, die unter der Leitung Rudolf Schleichers keinen Stillstand aufkommen lassen und ständig überprüfen, was sich an den exi-stierenden BMW-Modellen verbessern läßt. Einer dieser bemerkenswerten Leute ist der junge Ingenieur Alexander Freiherr von Falkenhausen, ein aktiver Motorsport-ler und begeisterter Techniker, der unter der Leitung von Alfred Böning als Chef der Konstruktionsabteilung im Bereich Fahr-gestelle und Getriebe arbeitet. Von Fal-kenhausen befaßt sich seit Mitte der 30er mit den Möglichkeiten, beide Räder der BMW-Motorräder zu federn. Während das Vorderrad ja, wie erwähnt, zu dieser Zeit bereits von einer hydraulisch gedämpften Telegabel geführt wird – ein Prinzip, das

bis in unsere Tage Stand der Technik blei-ben soll –, ist das Hinterrad der BMW-Ma-schinen noch starr mit dem Rahmen ver-schraubt. Hinterradfederungen hat es zwar schon gegeben, und zwar vornehm-lich an englischen Motorrädern und an Moto-Guzzi-Rennmaschinen, doch die meisten Hersteller lassen noch die Finger davon, weil sie befürchten, den Komfort-gewinn mit negativen Einflüssen auf das Fahrverhalten bezahlen zu müssen. Von Falkenhausen aber glaubt, daß sein Pro-jekt mit dem steifen Doppelschleifen-Rohrrahmen der BMW vereinbar ist. Er konstruiert eine Geradweg-Hinterradfede-rung für die R 5, die er selbst bei der In-ternationalen Sechstagefahrt im Schwarz-wald testet. Rudolf Schleicher ist so begei-stert von dem neuen Fahrwerk, daß er die inzwischen wieder erfolgreichen Werks-rennmaschinen damit ausrüstet und außerdem dafür Sorge trägt, daß R 5 und R 6 ab 1938 serienmäßig damit ausgestattet werden. Die Neuerung, die auch Teleskop-Hinterradfederung genannt wird, macht die Motorräder, die jetzt R 51 und R 61 heißen, um rund 15 Kilogramm schwerer, aber auch viel komfortabler und fahrsicherer als ihre ansonsten baugleichen Vorgängermodelle. Die R 51 mit 500-cm³-ohv-Motor wird für 1.595 Reichsmark angeboten, die R 61 mit 600-cm³-sv-Boxer für 1.420 Reichsmark.

Damit nicht genug der 38er Neuheiten: BMW löst auch die beiden 750-cm³-Modelle ab, die ja schon seit zehn Jahren mit dem geteilten Motorgehäuse produziert werden. Die seitengesteuerte R 12, die nur noch in der Militärversion für die Wehrmacht weitergebaut wird, wird von der R 71 abgelöst, einer auf 750 cm³ aufgebohrten Version der R 61. Die R 71 leistet 22 PS, also zwei PS mehr als die Zweivergaser-Version der R 12 und vier PS mehr als deren Einvergaser-Version, erreicht 125 km/h und kostet mit 1.595 Reichsmark sogar ein paar Mark weniger als zuvor die R 12. Mit ihrem durchzugsstarken Motor und dem relativ niedrigen Benzinverbrauch von etwa fünf Litern auf 100 Kilometer kann sich die R 71 schnell als beliebtes Tourenmotorrad etablieren. Die kopfgesteuerte 750er R 17 hingegen wird ersatzlos gestrichen und statt dessen die R 66 in das Programm aufgenommen, eine 600-cm³-Maschine mit ohv-Motor. Dieser neue Boxer ist allerdings nicht etwa eine aufgebohrte Version des R-51-Motors mit zwei Nockenwellen – was ja eigentlich zu vermuten ist –, sondern ein Mischung aus R 61, von der er das Tunnelgehäuse mit einer zentralen Nockenwelle hat, und R 51, von der die Zylinderköpfe stammen. Die Kühlrippen der Zylinder sind an der R 66 rosettenförmig ausgeschnitten. Das soll der besseren Kühlung dienen und trägt ihnen bald den Spitznamen "Igel-Zylinder" ein. Der Motor leistet 30 PS bei 3.500 Umdrehungen, was die R 66 zum Spitzenmodell der BMW-Palette stempelt. Da ihr Preis mit 1.695 Reichsmark noch um 345 Mark unter dem der R 17 bleibt, steht zu vermuten, daß sie sich zum Verkaufsrenner entwickelt. Doch diese Erwartung wird enttäuscht: Die Tourenfahrer ziehen die durchzugskräftigere R 71 der R 66 vor, die Sportfahrer entscheiden sich vorzugsweise für die R 51, die ja auch für die aktiven

Motorsportler das geeignete Gerät für den Einsatz in der 500-cm³-Klasse ist und zudem den Werksrennmaschinen am nächsten kommt.

Von 1930 bis 1935 hat BMW den Motorsport, von sporadischen Einsätzen abgesehen, den Privatfahrern überlassen, die mit wechselhaftem Erfolg auf präparierten Serienmotorrädern sowohl in den Solo- als auch den Gespannklassen die BMW-Fahne hochgehalten haben. Aber schon 1936 bewirkt das wiederbelebte Sport-Engagement des Werkes erste Erfolge: Karl Gall und Otto Ley feiern beim Großen Preis von Schweden einen Doppelsieg auf den neuen Werksrennmaschinen, Sepp Stelzer und Josef Müller gewinnen mit Werksunterstützung in der Seitenwagenklasse auf dem Hockenheimring und beim Münchener Dreiecksrennen. Das Werk stellt die Aktivitäten bei den Gespannen im Jahr darauf schon wieder ein, um sich ganz auf die Solo-Rennen zu konzentrieren – mit Erfolg: Gall und Ley sind die erfolgreichsten Rennfahrer des Jahres 1937, auch wenn ihnen der Europameistertitel verwehrt bleibt, der in diesem Jahr zum letzten Mal in nur einem einzigen Rennen ausgefahren wird. Immerhin wird Gall Deutscher Meister, und der Brite Jock West, der bei der populären Tourist Trophy auf der Isle of Man eine Werks-BMW fahren darf, gewinnt die Senior TT.

1938 wird ein neuer Mann in das Werksteam aufgenommen, Georg "Schorsch" Meier, der sich als wahres Ausnahmetalent erweist – er gewinnt gleich in seinem ersten Rennjahr mehrere Große Preise und den Europameistertitel. Karl Gall dagegen stürzt auf der Isle of Man so schwer, daß Wiggerl Kraus ihn den Rest der Saison ersetzen muß. Kraus darf auch 1939 die Werks-BMW fahren und kann sogar Deutscher Meister werden, weil Meier einen Vertrag als Werksfahrer bei Auto Union unterschrieben hat. Für die Tourist Trophy allerdings stellt die Auto Union Schorsch Meier frei, so daß BMW mit ihm, Gall und Vorjahressieger West gleich drei Sieg-Kandidaten am Start hat. Im Training jedoch hat Karl Gall erneut einen schweren Sturz, und diesmal sind die Verletzungen so schwer, daß er ihnen im Krankenhaus erliegt. Die BMW-Mannschaft erwägt tief betroffen, sich vom Rennen zurückzuziehen. Meier und West jedoch entscheiden sich nach langen Diskussionen, trotz des tragischen Ereignisses am Rennen teilzunehmen. Schon wenige Minuten nach dem Start der Senior TT bahnt sich die Sensation an, und nach

2 Stunden, 57 Minuten und 19 Sekunden ist der 29jährige Schorsch Meier auf der Kompressor-BMW der erste Nicht-Engländer, der auf einem nicht-englischen Motorrad die Tourist Trophy gewinnt – der zweite Platz von Jock West macht den BMW-Triumph komplett. Trotzdem endet die Saison für Meier unglücklich: Er stürzt beim Großen Preis von Schweden und zieht sich mehrere Knochenbrüche zu.

Für BMW ist das Jahr 1939 also ein sehr erfolgreiches Jahr: Der Ruf der Marke profitiert von den Sporterfolgen und der anerkannt hohen Qualität der Motorräder, das Werk macht im Unterschied zu den deutschen Konkurrenten über die Hälfte der Stückzahlen mit den teuren und profi-

Die Werksrennmaschine, mit der Schorsch Meier die TT von 1939 gewonnen hat, steht heute im BMW-Museum.
Die obenliegenden Nockenwellen des Boxers werden von Königswellen angetrieben, ein mechanischer Kompressor treibt die Motorleistung auf 55 PS und die Höchstgeschwindigkeit auf über 200 km/h

tablen Modellen der oberen Hubraumklasse, und die aktuelle Modellpalette besteht aus modernen, teils im rationellen Baukastensystem gefertigten Motorrädern. Ein wenig veraltet wirkt nur die R 35 mit ihrem Preßstahlrahmen – ein Nachfolgemodell mit Zweizylinder-Boxermotor ist bereits in Entwicklung. Doch das neue Motorrad soll nicht mehr zur Serienreife kommen: Im September 1939 fallen deutsche Truppen in Polen ein, Adolf Hitler bricht den Zweiten Weltkrieg vom Zaun, BMW muß in der Folge die Produktion von Zivilmotorrädern nach und nach immer stärker drosseln und statt dessen alle Kapazitäten in den Dienst der Rüstung stellen.

Diese Entwicklung zeichnet sich bei BMW allerdings schon vor Ausbruch des Krieges ab, als das Reichsluftfahrtministerium das Werk auffordert, eine neue Produktionsstätte für Flugmotoren zu errichten, die – getarnt, vielleicht sogar unterirdisch – die

Flugmotorenproduktion im Krieg sicherstellen soll. So entsteht im Allacher Wäldchen, gar nicht weit von den Produktionsanlagen in München-Milbertshofen, eine U-förmige Anlage, in der zunächst nur Reparaturen ausgeführt werden, die aber gleich nach Kriegsausbruch zu einer Fabrik mit eigener Infrastruktur ausgebaut wird. 1944 sind hier mehr als 17.000 Zwangsarbeiter, Kriegsgefangene und KZ-Häftlinge mit der Rüstungsproduktion beschäftigt.

BMW hat ja bereits, wie erwähnt, die BMW Flugmotoren GmbH vom Mutterhaus gelöst und die Flugmotorenfabrik Eisenach GmbH gegründet; dazu kommen nun auch noch die Brandenburgischen Motorenwerke Bramo GmbH in Berlin-Spandau, mit denen die BMW AG ursprünglich nur einen Gemeinschaftsvertrag abgeschlossen hat, deren Anteile sie aber Ende 1939 komplett von Siemens übernimmt. Diese drei Gesellschaften ge-

winnen mit Kriegsbeginn natürlich immer mehr an Bedeutung. Auch wenn es sich nicht um reichseigene Firmen handelt, kann sich Konzerndirektor Franz Josef Popp auf Dauer doch nicht den Forderungen der Reichsregierung widersetzen, den Produktionsschwerpunkt eindeutig auf die Flugmotoren zu legen und die Motorrad-Produktion auf Wehrmachts-Fahrzeuge zu beschränken. Als die Regierung aber gar fordert, die Automobilfertigung ganz einzustellen und die Motorrad-Produktion nach Eisenach zu verlegen, da weigert sich Popp, sein Werk zur Kriegsindustrieanlage verkommen zu lassen. Diese Weigerung kostet den Generaldirektor seine Stellung, und nur die Intervention des Aufsichtsratsvorsitzenden von Stauss bewahrt Popp vor dem KZ. Generalluftzeugmeister Erhard Milch erklärt Popps bisherigen Stellvertreter Fritz Hille zum Direktor und setzt durch, daß die Forderungen der Regierung 1942 tatsächlich ausgeführt werden.

Rudolf Schleicher opponiert offen gegen diese Anordnung, worauf ihm für neun Monate das Betreten des Werkes verboten wird. BMW hat endgültig jede Selbstbestimmung verwirkt.

Aus dem bestehenden Motorrad-Programm produziert BMW nur noch die R 35 und die R 12 für militärische Zwecke. Die R 35 hat sich als gute Kurier-Maschine erwiesen, und jährlich werden nun 3.000 Exemplare für die Wehrmacht fertiggestellt. Die R 12 wird nicht nur an das deutsche Heer geliefert, sondern auch an die Armeen Griechenlands, Bulgariens, Rumäniens, der Niederlande, Chinas und einiger südamerikanischer Länder – bis 1942 insgesamt mehr als 36.000 Stück. Doch die deutsche Wehrmacht braucht dringend ein spezielles Militärmotorrad und gibt der Entwicklungsabteilung unter Alfred Böning und Alex von Falkenhausen ganz bestimmte Vorgaben: Es soll sich um ein Gespann mit angetriebenem Seitenwagenrad und Rückwärtsgang handeln, das auf 16-Zoll-Rädern rollt, eine Höchstgeschwindigkeit von 95 km/h und eine Dauergeschwindigkeit von mindestens 80 km/h erreicht sowie eine Reichweite von mindestens 350 Kilometer vorzuweisen hat. Um nicht völlig auf der Stelle zu

treten, widmen sich die Techniker bei BMW wenigstens dieser Aufgabe, doch die Aussichten, den Auftrag für die Produktion dieses Militärgespannes zu bekommen, sind gering, weil Zündapp schon wesentlich länger mit dem Heereswaffenamt kooperiert.

Die BMW-Ingenieure greifen auf den seitengesteuerten Motor der R 71 und auf Entwicklungsdetails der nicht mehr fertiggestellten neuen 350er zurück und stellen einen Prototypen mit verschraubtem Rohrrahmen und starrer Hinterradführung auf die Räder, den sie R 72 nennen. Diese R 72 aber schneidet bei der ersten Präsentation beim Heereswaffenamt im Vergleich zur Zündapp so schlecht ab, daß die BMW-Leute das gesamte Konzept noch einmal überdenken müssen. Dazu haben sie ganze vier Monate Zeit und müssen zudem eine zusätzliche Vorgabe erfüllen: Der Motor darf nicht mehr als 26 PS leisten und muß eine so niedrige Verdichtung haben, daß er auch mit synthetischem Kraftstoff fahrbar ist. Die BMW-Techniker schaffen das scheinbar Unmögliche, und im Juli 1940 erhalten Zündapp und BMW vom Heereswaffenamt den Auftrag, ihre Militärgespanne zu produzieren. Die R 75 getaufte BMW hat jetzt einen kopfgesteuerten 750-cm^3-Motor, der äußerlich besonders durch seine zweigeteilten Ventildeckel ins Auge fällt. Bis zum tatsächlichen Produktionsbeginn

Im Zweiten Weltkrieg produziert BMW nur noch Militärmotorräder für die Wehrmacht, und zwar die R 35 als Kurierfahrzeug und die R 12 (im Bild) – meist als Gespann

Hans Sachs und Alexander von Falkenhausen auf Testfahrt in Rußland mit dem neu entwickelten Militärgespann R 75 im Jahr 1942

soll allerdings noch ein ganzes Jahr vergehen, denn die Militärs haben noch jede Menge zusätzliche Ansprüche, die erst einmal erfüllt werden müssen. Aus wartungstechnischen Gründen und um die Ersatzteilversorgung für die Motorräder im Fronteinsatz zu vereinfachen, soll die BMW beispielsweise möglichst viele Gemeinsamkeiten mit der Zündapp haben. Aus diesem Grund werden in beiden Maschinen dieselbe Lichtmaschine und dieselbe Zündanlage verbaut, und BMW übernimmt für die R 75 den Seitenwagenantrieb sowie die hydraulische Seitenwagenbremse von Zündapp.

Nach zahllosen Testfahrten beginnt im Juni 1941 endlich die Produktion der R 75, und im September sind bereits 1.200 Gespanne im Einsatz. Als sich in den folgenden Monaten die Schadensmeldungen vom Fronteinsatz häufen, scheut Alexander von Falkenhausen nicht, zusammen mit Hans Sachs vom Kundendienst und

Das Militär-Gespann R 75, wie es bis 1944 produziert wird: mit 750-cm³-ohv-Boxermotor, 26 PS, angetriebenem Seitenwagen und Rückwärtsgang

einigen Mechanikern auf R 75-Gespannen nach Rußland zu fahren, um herauszufinden, welche Änderungen an den Maschinen vorgenommen werden müssen, um sie zuverlässiger zu machen. Gleich nach der glücklichen Rückkehr der Gruppe beginnt man in Eisenach, die R 75 nach von Falkenhausens Erkenntnissen zu modifizieren: Unter anderem wird der Luftfilter besser geschützt auf dem Tank untergebracht, das Vorderradschutzblech verbreitert und höher plaziert, damit es sich nicht so schnell mit Schlamm zusetzt, und die Tauchrohre der Telegabel werden mit Gummi-Faltenbälgen geschützt.

Während man in Eisenach also ordnungsgemäß die R 75 produziert und weiterentwickelt, wird in München ganz im geheimen weiter an Motorrädern für Friedenszeiten gearbeitet. Rudolf Schleicher, Sepp Hopf und Alexander von Falkenhausen entwickeln beispielsweise die R 31 genannte neue 350er weiter und konzipie-

ren ein technisch vereinfachtes Nachfolgemodell für die R 51. Diese heimlichen Aktivitäten stehen natürlich in keinem Verhältnis zur Rüstungsproduktion, in die der Konzern vom Reichsluftfahrtministerium immer weiter hineingetrieben wird. Schließlich hat sich BMW zu einem riesigen Rüstungskonzern mit beinahe 50.000 Beschäftigten und Dependancen in ganz Europa entwickelt, der nicht nur konventionelle Flugmotoren, sondern auch Strahltriebwerke und Raketen produziert. Doch der Krieg nimmt seinen Lauf, und das Blatt wendet sich für die deutschen Truppen: Nach der vernichtenden Niederlage bei Stalingrad bricht die Ostfront zusammen. Amerikanische und britische Truppen landen in Sizilien, und am 6. Juni 1944 landen die Alliierten in der Normandie. Die Bombenangriffe auf deutsche Städte und Industrieanlagen werden immer zahlreicher und schrecklicher in ihrer Auswirkung. BMW evakuiert deshalb das

Eisenacher Werk in ein Kali-Bergwerk, um wenigstens noch vorhandene Ersatzteile und Maschinen zu retten, und die Münchener Motorradabteilung, die offiziell natürlich nur für die Rüstung arbeitet, zieht zum Starnberger See in Baracken neben Schloß Elshof. Im April 1945 bricht der Telefonkontakt zwischen den Werken in München und Eisenach ab. Kurz darauf erfolgt Hitlers Befehl, alle Produktionsanlagen und alles Material zu zerstören, damit dem Feind nur Trümmer in die Hände fallen. Bei BMW befolgt man den Befehl nur halbherzig: Man schickt die Arbeiter nach Hause und schließt das Werk. Zu den wenigen, die auf dem BMW-Gelände bleiben, um es am 29. April 1945 den Amerikanern zu übergeben, gehören Kurt Deby, der technische Leiter des Milbertshofener Werkes, Claus von Rücker, der Chef der Motorenprüfstände in Allach, und Kurth Donath, der zu dieser Zeit mit der Geschäftsleitung von BMW betraut ist.

1946
Der Völkerbund wird aufgelöst, seine Aufgaben übernehmen die Vereinten Nationen mit Sitz in New York.
Die Urteile des Nürnberger Militärtribunals gegen die
deutschen Hauptkriegsverbrecher werden vollstreckt.

1947
Die US-Regierung initiiert den „Marshallplan"
zum wirtschaftlichen Wiederaufbau Europas.
In den USA wird der Transistor erfunden.

1948
Berlin-Blockade durch die UdSSR,
amerikanische und britische Flugzeuge versorgen die
Stadt über eine Luftbrücke.
Die TÜV-Prüfung für Kraftfahrzeuge wird eingeführt.

1949
Gründung der Bundesrepublik Deutschland
und der Deutschen Demokratischen Republik.
Zwölf westliche Staaten schließen den
nordatlantischen Verteidigungspakt NATO.

1950
Beginn des Koreakrieges.
Benzin kostet in der Bundesrepublik 50 Pfennig je Liter.

1951
Beendigung des Kriegszustandes zwischen
Deutschland und Großbritannien, Frankreich, USA.
Die Flensburger „Verkehrssünder-Kartei"
wird eingerichtet.

1952
Mit dem Deutschlandvertrag erhält die Bundesrepublik die Rechte eines souveränen Staates.
In München wird der erste „Zebrastreifen"
auf die Straße gemalt.

1953
Der Koreakrieg geht zu Ende.
Am 17. Juni entwickelt sich eine Protestkundgebung
in Ost-Berlin zu einem Volksaufstand, der blutig
niedergeschlagen wird.

1954
Beginn des Algerien-Kriegs.
Deutschland wird Fußball-Weltmeister.

1955
Die Bundesrepublik tritt der NATO bei;
acht Ostblockstaaten schließen den Warschauer Pakt.
Höhepunkt der Motorrad-Produktion in der Bundesrepublik: Über eine Million Fahrzeuge werden gebaut.

1956
Aufstände in Polen und Ungarn werden blutig niedergeschlagen. Rückgang der Motorrad-Zulassungs-
zahlen in der Bundesrepublik um fast 40 Prozent.

1957
Sechs Staaten gründen in Rom die
Europäische Wirtschaftsgemeinschaft EWG.
Die UdSSR schickt mit Sputnik 1 den ersten
künstlichen Erdsatelliten ins All.

1958
Wegen mangelnden Interesses der Industrie
fällt die geplante Internationale Fahrrad- und Motorrad-Ausstellung IFMA aus.
Die Motorrad-Produzenten DKW, Victoria und Expreß
schließen sich zur Zweirad-Union zusammen.

1959
Auf Kuba übernimmt Fidel Castro die Macht.
Der BMW 507 erhält die erste serienmäßige
Scheibenbremse.

Mit der R 24
(unten auf einer
Ausstellung in
New York) wagt
BMW 1948 den
Neubeginn.
Ihre Nachfolgerin
R 25/3 von 1953
(rechts) entwickelt
sich zum meist-
verkauften
BMW-Motorrad

1946 – 1959
AUFSTIEG UND FALL

Kaum, daß der Krieg überstanden ist, steht BMW einer neuen Existenzbedrohung gegenüber: dem amerikanischen Morgenthau-Plan, der vorsieht, Deutschland in ein Agrarland ohne jegliche Industrie zu verwandeln. Die Alliierten entscheiden sich zwar später gegen diesen Plan, aber die Bayerischen Motorenwerke haben als herausragender Rüstungskonzern des Dritten Reiches ohnehin kaum Chancen, einer Demontage großen Stils zu entgehen. Fatalerweise ist die Motorradproduktion, die jetzt eine zivile Fahrzeugproduktion in München rechtfertigen könnte, nach Eisenach verlegt worden, das jetzt zur sowjetischen Besatzungszone gehört. Zuerst einmal wird das Allacher Werk von den Amerikanern requiriert, die dort einen Reparaturbetrieb für ihren eigenen Bedarf einrichten, das „Karlsfeld Ordonance Depot". Der Allacher Wald wird gerodet, und es werden zahlreiche Deutsche angeheuert, um den Betrieb aufnehmen zu können. Werksleiter wird Wilhelm Dorls, der auch schon vor dem

Zusammenbruch Chef in Allach war, Leiter der Werkspolizei wird kein Geringerer als Ex-BMW-Werksfahrer und Ex-Polizist Schorsch Meier.

In Allach wird also bald wieder gearbeitet, wenn auch nicht für BMW. Ganz anders sieht es in Milbertshofen aus: Die Hälfte aller Gebäude, Hallen und Einrichtungen sind zerstört. Die Amerikaner riegeln das 300.000 m² große Gelände samt der dort angetroffenen Leute hermetisch von der Außenwelt ab und lassen nur eine kleine Anzahl von Arbeitern ins Werk. Sie sollen die notwendigsten Einrichtungen wie Küchen und Ambulanzen für die Besatzer funktionstüchtig machen. An Aufräumungsarbeiten ist vorerst nicht zu denken. Immerhin gelingt es schließlich Kurth Donath, die Amerikaner davon zu überzeugen, daß im BMW-Werk hervorragende Dienste für die Besatzungsarmee geleistet werden könnten. Er erhält die Erlaubnis, 60 Facharbeiter für Autoreparaturen einzustellen. Aber noch immer dürfen die ehemaligen Ingenieure und

Führungskräfte von BMW das Werksgelände nicht betreten. Einige von ihnen haben sich um Alfred Böning geschart und versuchen, in einer Vulkanisieranstalt aus eingeschmolzenen Alu-Gußteilen von Flugmotoren Kochtöpfe und Fahrräder zu produzieren – man plant die Fertigung von Landmaschinen und denkt schon wieder an eine Motorradproduktion. Franz Josef Popp wird von den Amerikanern verhaftet, obwohl er geglaubt hat, wegen seines Widerstandes gegen die Pläne der Nazis und der darauffolgenden Entlassung nicht in Gefahr zu sein.

Ende August 1945 glauben Donath und Deby, es nach endlosen Verhandlungen mit den amerikanischen Besatzern geschafft zu haben. Sie stellen weitere Leute ein, es gibt einen Betriebsrat, es werden wieder Lehrlinge ausgebildet, der Wiederaufbau scheint bevorzustehen. Aber im Oktober wendet sich das Blatt: Der Alliierte Kontrollrat beschließt, eine Reihe großer deutscher Industrieunternehmen zu demontieren und die Anlagen als

Reparationsleistung Deutschlands an die Siegermächte zu überstellen – BMW gehört dazu. Kurth Donath wird als freier Mitarbeiter der Demontage-Kommission damit beauftragt, die Arbeiten zu organisieren. Er übernimmt die deprimierende Aufgabe, ein Werk mit mehr als 1.000 Arbeitern zu leiter, die damit beschäftigt werden, die Grundlage ihrer eigenen Existenz zu demontieren und abzutransportieren. Die Arbeiten sind bereits in vollem Gange, als das ehemalige BMW-Aufsichtsratmitglied Dr. Hans Karl von Mangoldt-Reibold doch noch das Steuer herumzureißt: Er bewirkt bei den Amerikanern, daß das BMW-Vermögen wieder freigegeben wird. Damit ist der Fortbestand des Werkes in Milbertshofen erst einmal gesichert, und dort dürfen bald – soweit Rohstoffe vorhanden sind – Baubeschläge, Back-Rührwerke, landwirtschaftliche Geräte und Bremsluftkompressoren hergestellt werden. BMW erhält sogar die Erlaubnis, Fahrräder aus Aluguß zu fertigen, und das Projekt kommt nur wegen Materialmangels nicht über die Erstellung von Prototypen hinaus.

Ganz anders verläuft das Schicksal des Eisenacher Werkes, wo ja zuletzt die Motorräder gefertigt wurden. Auch diese Fabrik wird von amerikanischen Truppen besetzt, doch die ziehen den Aufteilungsplänen der vier Besatzungsmächte folgend im Juli 1945 wieder ab und überlassen Thüringen den Russen. Das BMW-Werk wird von der sowjetischen Awtowelo übernommen, die die Fertigungsanlagen wieder instand setzt, 4.000 Leute einstellt und Albert Siebert, der als Oberingenieur bei BMW gearbeitet hat, beauftragt, R 35-Motorräder und Autos vom Typ 321 zu produzieren. Auf diese Weise entgeht das Werk der Demontage; statt dessen werden die gefertigten Fahrzeuge als Reparationsleistungen in die Sowjetunion geliefert und später auch nach Frankreich und in die Schweiz verkauft, um an westliche Devisen zu kommen. In München ist man natürlich überhaupt nicht glücklich darüber, daß die Awtowelo-Fahrzeuge unter dem Markennamen BMW vertrieben werden, und man versucht, dagegen anzugehen. Aber erst 1950 ist endlich juristisch geklärt, daß BMW-Fahrzeuge nur unter der Leitung und mit der Erlaubnis des Münchener Werkes mit dem weißblauen Markenzeichen und den drei Buchstaben vertrieben werden dürfen.

Im Jahr 1947 kommt es zum Bruch zwischen den Siegermächten und damit zu ganz unterschiedlichen Entwicklungen im

Westen und Osten. Während die Sowjets weiterhin dem Land die wirtschaftliche Lebenskraft entziehen, handeln die westlichen Besatzer im Sinne des Marshallplanes und fördern die wirtschaftliche Erholung Deutschlands. BMW gelingt es in München sogar schon wieder, hier und da Werkzeug und Maschinen zu erhandeln, die so bitter nötig sind, weil die Motorrad-Produktionsanlagen alle nach Eisenach gegangen sind und eine Serienproduktion in weiter Ferne zu liegen scheint. Um so verblüffter ist die Fachwelt, als BMW auf dem Genfer Autosalon 1948 tatsächlich ein neues Motorrad präsentiert: die R 24, ein 250-cm³-Einzylinder-Modell, das auf der R 23 aus der Vorkriegszeit basiert.

Es ist schon ein kleines Wunder, was Alfred Böning und Fritz Trötzsch da auf die Beine gestellt haben, denn bei ihrer Arbeit stehen ihnen nicht einmal die Maschinen der ehemaligen Entwicklungsabteilung zur Verfügung – die mußte BMW 1945 an die Engländer abgeben. Ex-Entwicklungsleiter Böning und Trötzsch, der vor dem

Krieg im Verkauf tätig gewesen ist, haben mit Hilfe von alten Schrott-Motorrädern neue Konstruktionspläne erstellt und in kürzester Zeit ein Handmuster auf die Räder gestellt. Sicher hätten sie für den Genfer Salon gern ein Boxer-Modell gebaut, doch einen Motor mit mehr als 250 cm³ Hubraum hätten ihnen die Alliierten nicht genehmigt. Außerdem ist ein preiswertes Motorrad für das verarmte Nachkriegs-Deutschland sinnvoller als ein teurer Zweizylinder. Innerhalb kürzester Zeit liegen BMW 2.500 Bestellungen für die R 24 vor. Aber ohne Maschinen, ohne Werkzeug und ohne Rohstoffe ist an eine ordentliche Produktion gar nicht zu denken. Als Retter in der Not entpuppen sich zwei Konkurrenten, die schon wieder viel besser im Geschäft sind als BMW: NSU und Zündapp erklären sich bereit, einen Teil ihrer Eisenzuteilung an BMW abzugeben, und die Maschinenzuteilungsstelle in Bayern arrangiert eine Art Umverteilung von Maschinen und Werkzeugen aus nicht demontierten Fabriken. Doch ohne

Die Deutschen sehnen sich in den Nachkriegsjahren nach einem Fortbewegungsmittel, können sich aber in der Regel kein Auto leisten – da kommen preiswerte Motorräder wie die BMW R 24 gerade recht. Schon 1949 läuft in München das 1.000. Exemplar vom Band

1950 erhält die 250er BMW einen neuen, seitenwagentauglichen Rahmen mit Hinterradfederung und wird in R 25 umbenannt

Ebenfalls 1950 präsentiert BMW mit der R 51/2 den ersten Boxer der Nachkriegszeit, der weitgehend identisch mit der R 51 von 1938 ist

zahlungsfähige Kunden können alle drei Firmen nicht überleben, und die deutsche Währung ist am Boden. Eine Währungsreform ist vonnöten, doch an den Durchführungsmodalitäten entzündet sich der Streit zwischen Westmächten und Sowjets. Die wirtschaftliche Situation Deutschlands wird immer schlechter, die Bevölkerung ist wegen der hohen Inflation zum Tauschhandel zurückgekehrt, die Menschen hungern. In dieser dramatischen Situation entscheiden sich die Westalliierten, die Währungsreform am 20. Juni 1948 ohne die Sowjets durchzuführen. Die Reichsmark und alle Spareinlagen in dieser Währung verlieren ihre Gültigkeit, jeder Bürger im Westen Deutschlands kann sein Geld im Verhältnis 10:1 in die neue Deutsche Mark umtauschen und erhält 40 DM auf die Hand. Nach diesem Tag verändert sich die Wirtschaftslage in West-Deutschland wie auf einen Schlag. BMW kann im Dezember 1948 die ersten Motorräder ausliefern.

Ein Neuanfang ist gemacht – für Deutschland und für BMW. Und zumindest für BMW wiederholt sich die Geschichte: Wie nach dem Ersten Weltkrieg sieht man die Zukunft des Werkes im Motorrad – Flugmotoren dürfen in Deutschland nicht gebaut werden, ein Auto kann sich kaum jemand leisten. Die Situation wird zwar auch von den konkurrierenden Firmen so eingeschätzt, aber BMW kann an eine bemerkenswerte Tradition anknüpfen und hat deshalb gute Startchancen. Der Ruf der Marke gründet nicht zuletzt in den Sporterfolgen der Vorkriegszeit, und deshalb fördert das Werk, das weiterhin von Kurth Donath geleitet wird, die Sportaktivitäten der Privatfahrer und der BMW-Angestellten. Nach den schweren Kriegszeiten strömt das Volk mit Begeisterung zu den ersten Rennen, an denen Schorsch Meier, Wiggerl Kraus, Sepp Müller, Max Klankermeier und Walter Zeller mit Vorkriegs-Kompressormaschinen und umgebauten R 51 teilnehmen. Im Jahr 1949, als in Bonn der erste demokratisch gewählte Bundestag der Bundesrepublik Deutschland zusammentritt, gibt es schon wieder 400 BMW-Vertretungen, über die im selben Jahr rund 10.000 Exemplare der R 24 verkauft werden – 1950 sind es sogar 17.000. Diese Zahlen sind um so beeindruckender, wenn man weiß, daß die R 24 mit 1.750 DM wieder einmal das teuerste, allerdings auch das stärkste und mit dem besten Fahrwerk ausgestattete Motorrad seiner Klasse ist. Im Sommer 1949 wird die Hubraumbegrenzung für deutsche Mo-

und bekommt von der französischen Polizei einen Auftrag über 1.000 Behördenmaschinen.

Der große Renner aber bleibt das 250er Einzylinder-Motorrad, das 1950 ein ganz neues Fahrwerk erhält und in R 25 umgetauft wird. Der verschraubte Rohrrahmen wird durch einen geschweißten ersetzt, der Federweg der Teleskopgabel vergrößert, und das bislang starr verschraubte Hinterrad wird von einer Geradwegfederung geführt. Die Maximalleistung des Motors beträgt weiterhin nur 12 PS, doch durch ein zwei Millimeter größeres Einlaßventil wird die Leistungsausbeute im unteren Drehzahlbereich verbessert. Das Mehr an Drehmoment und der stabilere Rahmen machen die R 25 sogar seitenwagentauglich und damit noch beliebter als ihre Vorgängerin. BMW kann es sich sogar erlauben, den Preis nur ein Jahr später von 1.750 DM auf 1.990 DM zu erhöhen – die Maschine hat nur ganz unwesentliche Änderungen erfahren, wieder das kleinere Einlaßventil erhalten und heißt jetzt R 25/2.

Doch die Entwicklungsabteilung läßt nicht locker, die Leistungscharakteristik und auch die Straßenlage des Singles zu verbessern. Eine erneute Vergrößerung des Einlaßtraktes führt dann auch in Verbindung mit einer Erhöhung der Verdichtung zu 13 PS bei 5.800 Touren und einer flacheren Drehmomentkurve, verlangt aber auch nach einer schwarzen Lackierung des Zylinders, um die entstehende Mehrwärme abzuführen. Die Teleskopgabel erhält eine hydraulische Dämpfung ähnlich der des Boxers, und die 250er BMW wird mit diesen Änderungen im Oktober 1953 auf der Internationalen Fahrrad- und Motorrad-Ausstellung IFMA in Frankfurt als R 25/3 ausgestellt. Das neue Modell soll 119 km/h schnell sein und 2.060 DM

torräder aufgehoben. Als Zündapp unmittelbar danach das Vorkriegsmodell KS 600 auf den Markt bringt, weiß man bei BMW, daß schnell gehandelt werden muß, wenn der Anschluß nicht verpaßt werden soll. Man überarbeitet die R 51 und präsentiert sie im Oktober des Jahres als R 51/2. Der Boxermotor hat die Zylinderköpfe der R 24 und schräg gestellte Vergaser bekommen, das Getriebe einen Ruckdämpfer auf der Hauptwelle, die Telegabel eine doppelt wirksame hydraulische Dämpfung, wie sie in der R 75 zur Anwendung kam. Trotz der großen Ähnlichkeit zur R 51 von 1938 ist die Resonanz auf die R 51/2 enorm. Auf allen Ausstellungen in Europa und sogar in Chicago sorgt sie für Aufsehen, selbst die ausländische Fachpresse lobt das Motorrad in den höchsten Tönen. Trotz des stolzen Preises von 2.750 DM verkauft sich der 500er Boxer im In- und Ausland sehr gut, vor allem in den USA. BMW kann 1950 mehr als 4.000 Einheiten absetzen

kosten – ein stolzer Preis, der aber vom Markt akzeptiert wird. Drei Jahre später sind von der R 25/3 genau 47.700 Exemplare verkauft, und dieser Verkaufserfolg macht sie zum bislang erfolgreichsten BMW-Modell.

Der Motorradmarkt steht in voller Blüte, weil sich nach dem Krieg jeder Deutsche nach einem fahrbaren Untersatz sehnt, aber nur wenige sich ein Auto leisten können. BMW profitiert von dieser Entwicklung in hohem Maße, schon Ende 1950 kann man das Werk wieder als ein auf sicheren Füßen stehendes Unternehmen bezeichnen: 8.000 Leute werden beschäftigt, 25.000 Nachkriegs-Motorräder sind produziert worden, der Jahresgewinn beträgt eine runde Million Mark. BMW hat auch die Automobilproduktion wieder aufgenommen, aber das Hauptaugenmerk gilt weiter dem Motorrad. Alfred Böning, inzwischen Chefkonstrukteur des Hauses, nimmt gemeinsam mit Eberhard Wolff, der eben erst zu BMW gekommen ist und als Motorenfachmann gilt, die erste echte

In den 50er Jahren leistet sich BMW wieder offizielle Werksfahrer. Hier führt Schorsch Meier das Rennen „Rund um Schotten" von 1951 vor Walter Zeller an

1951 bekommt die 500er BMW einen neu entwickelten Motor mit 24 PS und wird R 51/3 genannt. Das im selben Jahr vorgestellte 600er Schwestermodell R 67 mit 26 PS ist äußerlich nur an den Zylindern von der R 51/3 zu unterscheiden

Neuentwicklung der Nachkriegszeit in Angriff: einen neuen Boxermotor, der dem Publikum im Februar 1951 auf der Automobil- und Motorrad-Ausstellung in Amsterdam mit 500 cm³ in der R 51/3 und mit 600 cm³ in der R 67 präsentiert wird. Das neue Triebwerk hat wieder – wie früher bei den BMW-Boxern üblich – eine zentrale, über schrägverzahnte Stirnräder angetriebene Nockenwelle anstelle der beiden kettengetriebenen Nockenwellen der R 51/2, trägt die Lichtmaschine auf dem vorderen Kurbelwellenstumpf und leistet als 500er 24 PS bei 5800 Touren, womit die R 51/3 immerhin 140 km/h schnell sein soll. Bei BMW ist man sich offensichtlich bewußt, daß mit 2.750 DM für die R 51/2 schon die derzeitige Schmerzgrenze erreicht ist; die R 51/3 wird trotz des neuen Motors zum selben Preis angeboten. Die R 67 ist eine fast baugleiche, äußerlich kaum zu unterscheidende Variante der Halbliter-Maschine, leistet nur zwei PS mehr als die R 51/3, kostet nur 125 DM mehr und ist in erster Linie für den Seiten-

wagenbetrieb gedacht. Sie wird sogar ab Werk zum Preis von 3.625 DM mit einem Steib-Seitenwagen angeboten. Beide Motorräder bekommen eine gute Presse, gelobt werden besonders der kultivierte Motorlauf und das gute Fahrverhalten. Zu kritisieren gibt es an der R 67 eigentlich nur, daß die Halbnaben-Simplex-Bremsen im Gespannbetrieb oft überfordert sind. Schon ein Jahr später werden deshalb beide Maschinen mit einer wirksameren Duplex-Bremse im Vorderrad ausgestattet. Da im Rahmen dieser Modellpflege auch die Motorleistung der 600er auf 28 PS angehoben wird, erhält sie die neue Typbezeichnung R 67/2.
Ebenfalls 1952 kommt ein weiteres neues Modell in den Verkauf, dessen Präsentation im Herbst zuvor einiges Aufsehen erregt hat: die R 68, das neue BMW-Topmodell, mit dem vor allem im Ausland den britischen Vincents und Triumphs Konkurrenz gemacht werden soll. Dieses Motorrad ist zwar weitgehend baugleich mit der R 67/2, doch der Motor ist viel konse-

quenter auf hohe Drehzahlen und hohe Leistung ausgelegt. Er leistet 35 PS bei 7000 Umdrehungen und verhilft der R 68 zu einer Höchstgeschwindigkeit von 160 km/h – was ihr im englischsprachigen Ausland die Bezeichnung „100-Meilen-Motorrad" einbringt, weil sie die erste BMW ist, die diese Geschwindigkeit erreicht.
Die Entwicklungsabteilung widmet dem Topmodell besondere Aufmerksamkeit und nimmt schon nach wenigen hundert ausgelieferten Maschinen erste Detailverbesserungen vor. So wird zum Beispiel die Telegabel neu abgestimmt, und die Kipphebel erhalten Nadellager. Zu erkennen ist diese Ausführung an den Gummi-Faltenbälgen der Gabel. Der R 68 wird überall Anerkennung gezollt; vor allem die englischen Motorradfahrer, die auf ihrem Markt einheimische Maschinen mit ähnlichen Fahrleistungen finden, loben die Verarbeitungsqualität und die Zuverlässigkeit der BMW. Wenn die R 68 trotzdem nicht besonders gut verkauft wird, dann liegt das

nicht nur an ihrem Preis: Mit 3.950 DM liegt sie sicher jenseits der Möglichkeiten der meisten Deutschen, außerdem ist ein Motorrad mit dem Image und der Leistung einer Rennmaschine nicht gerade das, was der Motorradfahrer der 50er Jahre auf Deutschlands Straßen braucht. Bis einschließlich 1954 werden deshalb nur 1.452 Stück der R 68 verkauft.

Auf der IFMA 1953 in Frankfurt bietet BMW den Besuchern neben der üblichen Modellpflege und der bereits erwähnten R 25/3 einen technischen Leckerbissen besonderer Art: die BMW RS. Dieses Motorrad entspricht dem, was man heute als Production Racer bezeichnen würde, eine Replica der offiziellen Werksrennmaschine für private Rennfahrer. Der Rahmen der RS ist ein Doppelschleifen-Rohrrahmen mit einer Hinterradschwinge, die sich über zwei Federbeine gegen das Rahmenheck abstützt. Obwohl auf der IFMA noch eine Maschine mit Teleskopgabel vorn zu sehen ist, haben alle später ausgelieferten Exemplare eine Langarmschwinge mit zwei Federbeinen – genauso wie die Werksrennmaschine, die Walter Zeller beim Mai-Pokal-Rennen an den Start bringt. Der Motor der RS hat zwar nicht viel mit dem Kompressormotor der Vorkriegszeit zu tun, aber auch er hat 500 cm³ Hubraum und zwei obenliegende Nockenwellen je Zylinder, die von einer Königswelle angetrieben werden. Das Werk gibt eine Höchstleistung von 45 PS bei 8000 Touren sowie eine Höchstgeschwindigkeit von 200 km/h an, was sicher nicht übertrieben ist. Leider ist von BMW nie zu erfahren, was ein solches Traummotorrad eigentlich kostet, denn bereits am Tag der Präsentation steht fest, daß nicht mehr als 24 Exemplare gebaut werden und wer sie erhalten soll. Diese 24 Motorräder werden in der Folge viele Jah-

re lang international wettbewerbsfähig sein und ihren Fahrern zu zahlreichen Einzelsiegen und Meisterschaften verhelfen. Im Gespann-Rennsport sind Maschinen mit RS-Motoren gar über lange Zeit unschlagbar. So wird sich im nachhinein die Entscheidung, eine solche Kleinserie aufzulegen, als goldrichtig erweisen, denn auf diese Art kann BMW über Jahre sportlichen Lorbeer ernten, ohne sich ein kostspieliges Werksteam leisten zu müssen.

Der Motorsport entfacht in der Nachkriegszeit mindestens ebensoviel Begeisterung wie vor dem Krieg. Schon im Oktober 1946 strömen 60.000 Zuschauer zum „Großen Preis von Bayern", einem Rennen, das über einen drei Kilometer langen Stadtkurs mitten durch München führt. Als Rennleiter fungiert Schorsch Meier, die Streckenposten sind BMW-Mitarbeiter. Sieger dieser Wohltätigkeitsveranstaltung wird in der 500-cm³-Klasse Georg Eberlein auf BMW. Schorsch Meier und Wiggerl Kraus sind in den kommenden Jahren mit ihren Kompressor-BMW auf deutschen Rennstrecken beinahe unschlagbar, auch wenn ihnen Heiner Fleischmann auf seiner Kompressor-NSU oftmals nervenaufreibende Zweikämpfe bietet. Als allerdings ab 1951 deutsche Rennfahrer wieder an internationalen Rennen teilnehmen dürfen, stehen sie vor einem großen Problem, denn der Motorradsport-Dachverband FIM hat schon 1946 aufgeladene Motoren verboten. BMW schickt drei Werksfahrer auf das internationale Parkett, die zwei verschiedene Motorräder mit identischem Fahrwerk einsetzen: Es sind Schorsch Meier, sein Bruder Hans und Walter Zeller – Wiggerl Kraus fährt inzwischen Gespannrennen –; der Motor der einen Maschine basiert auf dem der Vorkriegs-Kompressormaschine, das Triebwerk der anderen ist eine Neu-

entwicklung, ebenfalls mit Königswelle und obenliegenden Nockenwellen, die als Grundlage für die RS dienen soll. Zwar kann Schorsch Meier in diesen Jahren immer Deutscher Meister der 500er Klasse werden, aber international muß sich BMW meist den englischen Norton-Motorrädern geschlagen geben, und mit den italienischen Vierzylindern entsteht für BMW neue, unbesiegbare Konkurrenz.

Nach der Einführung der RS unterhält das Werk deshalb nur noch eine Saison lang ein Werksteam mit Walter Zeller und Hans Bartl – Schorsch Meier hat inzwischen seine aktive Laufbahn beendet –, 1955 gibt es keine offiziellen Werksfahrer mehr. Trotzdem wird dieses Jahr ein sehr erfolgreiches für Zeller, der beim Großen Preis von Deutschland auf dem Nürburgring hinter Geoffrey Duke auf Gilera, aber vor den Werksmaschinen von MV Agusta, Norton und Moto Guzzi den zweiten Platz belegen kann. Sicherlich nicht zuletzt wegen dieser guten Leistung sieht sich BMW veranlaßt, Zeller für die Tourist Trophy

BMW entwickelt in den 50er Jahren verschiedene Motorroller - hier ein Prototyp mit dem Motor der R 25/3 -, doch keiner wird je in Serie produziert

Wilhelm Noll und Fritz Cron legen 1954 mit ihrer Weltmeisterschaft bei den Gespannen den Grundstein für eine beispiellose Erfolgsserie: In den folgenden 20 Jahren erkämpfen BMW-Fahrer 20 Europa- und Weltmeistertitel für Motorräder mit Seitenwagen

1956 einen speziellen Motor zu präparieren, mit dem er auf der Isle of Man einen hervorragenden vierten Platz belegen kann. Beim Großen Preis von Holland in Assen kann er sogar zweiter werden, und in der Endabrechnung reicht es für ihn in dieser Saison zum Vizeweltmeistertitel. In der folgenden Saison zieht sich Zeller aus privaten Gründen vom Rennsport zurück. Auch einige italienische Werksteams werden wegen der sich verschlechternden Lage auf dem Motorradmarkt aufgelöst, worauf BMW die Chance nutzen will und für 1958 die britischen Profis Geoffrey Duke und Dickie Dale in ein halboffizielles Werksteam verpflichtet. Doch die erhofften Erfolge stellen sich nicht ein, das Werk beendet endgültig sein Engagement. In den folgenden Jahren bleibt es reinen Privatfahrern wie Ernst Riedelbauch, Ernst Hiller, Hansgünther Jäger und Hans-Otto Butenuth überlassen, die BMW-Fahne hochzuhalten. Noch erfolgreicher als bei den Solo-Maschinen sind BMW-Motorräder in den Gespann-Klassen. Die erste

Deutsche Meisterschaft nach dem Krieg gewinnen 1947 Josef Müller und Josef Wenshofer auf einem Gespann mit R 75-Motor, und von nun an stellen BMW-Fahrer über zwanzig Jahre lang ohne Unterbrechung jährlich mindestens einen Seitenwagen-Meister. Mit dem Auftauchen der RS-Motoren werden die BMW-Gespanne auch auf internationaler Ebene unschlagbar: Von 1954 bis 1967 stellt BMW ohne Unterbrechung die Weltmeister, von 1955 bis 1971 geht die Marken-Weltmeisterschaft nach München. Am erfolgreichsten sind die Teams Max Deubel/Emil Hörner und Klaus Enders/Ralf Engelhardt, die jeweils vier Weltmeisterschaften für sich entscheiden können.
BMW hat in den 50er Jahren mit den Modellen R 25/3, R 51/3, R 67/2 und R 68 ein ausgewogenes Motorrad-Programm, das einerseits allen Marktansprüchen gerecht wird und andererseits durch das praktizierte Baukastensystem eine kostengünstige Produktion ermöglicht. Alle Zeichen stehen also auf wirtschaftlichem

Erfolg, aber nach dem explosionsartigen Wachstum des Motorradmarktes in den Nachkriegsjahren zeichnet sich Mitte der 50er eine Marktsättigung ab. Die einzigen Zweiräder, die noch Aussicht haben, die steigenden Komfortansprüche der Deutschen zu befriedigen, sind die in Italien erfundenen und wegen ihrer einfachen Handhabung und ihres Wetterschutzes in ganz Europa beliebten Motorroller. Auch BMW befaßt sich deshalb mit der Entwicklung eines Rollers, aber das Projekt gestaltet sich schwierig. Ein Zweitaktmotor, wie er beim Motorroller üblich ist, verträgt sich nicht mit dem Image der Marke, die Entwicklung eines kleinen Viertaktmotors erscheint zu teuer. Also entwickelt man einen Roller mit dem kleinsten existierenden BMW-Motor, dem Einzylinder der R 25/3. Es entsteht ein Prototyp, der aber letztlich genauso verworfen wird wie der Plan, eine Kopie des Heinkel-Rollers zu bauen, der von einem Viertakter angetrieben wird. BMW überläßt das Feld der Konkurrenz, und die Motorrad-Entwicklungsabteilung befaßt sich mit der Weiter-entwicklung der existierenden Modelle. Man konzentriert sich dabei auf das Fahr-werk, denn Fahrleistungen und Zuverläs-sigkeit der existierenden Modelle lassen nichts zu wünschen übrig, während Fahr-verhalten und Komfort noch verbesse-rungswürdig erscheinen. In konzeptionel-ler Anlehnung an die RS-Rennmaschine wird die Geradweg-Hinterradfederung durch eine gezogene Schwinge mit zwei Federbeinen ersetzt, die Teleskopgabel vorn weicht einer geschobenen Lang-schwinge mit zwei Federbeinen, die nach ihrem Erfinder auch Earls-Gabel genannt wird. Da nun vorn wie hinten Schwingen zum Einsatz kommen, nennt BMW das neue Konzept „Vollschwingen-Fahr-werk". 1955 werden die beiden sport-lichen Boxer-Modelle mit diesem neuen Fahrwerk präsentiert und nun R 50 und R 69 getauft. Beide Motorräder wirken eleganter als ihre Vorgänger, wozu sicher auch die neue Tankform beiträgt, sind we-gen der aufwendigeren Federung ein paar Kilogramm schwerer – die R 50 fünf und die R 69 neun Kilo –, werden aber zum gleichen Preis angeboten wie zuvor R 51/3 und R 68: Die 26 PS starke und 140 km/h schnelle R 50 kostet 3.050 DM, die R 69 mit 35 PS und 165 km/h 900 DM mehr. Die R 67/2 erfährt lediglich ein paar klei-nere Änderungen und wird für nur ein Jahr in R 67/3 umbenannt, bis 1956 auch sie und die R 25/3 ein Vollschwingen-Fahr-

werk erhalten und in R 60 und R 26 um-benannt werden. Der Preis der 28 PS star-ken R 60 bleibt mit 3.235 DM gegenüber dem Vorgängermodell unverändert, die auf 15 PS erstarkte R 26 kostet 2.150 DM. Die Leistungssteigerung der 250er – sie kommt nun auf eine Höchstgeschwin-digkeit von 128 km/h – ist durch erneute Erhöhung der Kompression und Vergröße-rung des Einlaßes erreicht worden; das Fahrwerk der R 26 ist dem der Boxer zum Verwechseln ähnlich, aber entsprechend den geringeren Belastungen etwas leichter dimensioniert.

Wieder haben die neuen BMW-Motorrä-der in der internationalen Fachpresse eine gute Resonanz, und die Modellpalette scheint voll auf Erfolg programmiert, aber genau in diesem Jahr 1956 gipfelt der Nachfragerückgang des Motorradmarktes in den völligen Zusammenbruch. Die Mo-torradproduktion in München schrumpft innerhalb eines Jahres auf ein Sechstel ih-res Umfanges, 1956 verkauft BMW in Deutschland noch ganze 600 Boxer-Mo-torräder. Die Deutschen sind das Motor-rad als Transportmittel satt, sie wollen beim Fahren mehr Komfort, mehr Wetter-schutz und mehr Platz für ihre Familie. Sie wollen letztlich auch zeigen, daß sie es wieder zu etwas gebracht haben und sich ein Auto leisten können – wenn auch nur einen Kleinwagen. Diesen Trend hat BMW viel zu spät erkannt. Zwar beschäf-tigt man sich im Werk schon seit vielen

1956 kommt auch die 250er BMW mit Schwinge vorn und hinten und nennt sich R 26

44

1955 ist das Jahr der „Vollschwingen-Fahrwerke" für die drei Boxer, die BMW in R 50 (im Bild ein späteres Modell mit großem Rücklicht), R 67/3 und R 69 umbenennt

Jahren wieder mit der Auto-Entwicklung und -Produktion, aber die BMW-Wagen sind viel zu aufwendig und viel zu teuer, als daß sie mehr als eine kleine Gruppe am oberen Rand der Nachkriegsgesellschaft ansprechen könnten. BMW-Autos mögen faszinieren und für Aufsehen sorgen, aber sie sind auf Dauer nicht nur für die Kunden zu teuer, auch das Unternehmen zahlt bei der Produktion der Fahrzeuge drauf. Diese Verluste sind anfangs vom gesunden Motorradzweig aufgefangen worden, aber als offenbar wird, daß der Motorradmarkt nicht immer weiter wächst, erkennt man auch bei BMW, daß man neue Wege einschlagen muß, um das Überleben des Unternehmens zu sichern. Obwohl es ganz und gar nicht zum bisherigen Image paßt, kauft BMW in Italien die Lizenz zum Bau eines Kleinwagens, und Eberhard Wolff betreibt mit Nachdruck dessen Fertigstellung. Vor den Toren der Internationalen Automobil-Ausstellung IAA 1955 können die Besucher der Messe den neuen Kleinwagen bewundern – in den Hallen darf er

nicht ausgestellt werden, weil die Messeleitung ihn nicht als Auto anerkennt: die BMW Isetta. Das Fahrzeug hat zwar vier Räder, die hinteren stehen aber so eng beieinander, daß es wie ein Dreirad wirkt. Zwei Personen haben nebeneinander Platz und müssen über eine nach vorn öffnende Tür ein- und aussteigen. Angetrieben wird die Isetta vom im Heck plazierten 250-cm³-Motor der R 26, der von einem Gebläse gekühlt wird. Auf ein solches preiswertes Gefährt – die Isetta kostet nur 2.550 DM – haben offensichtlich viele Deutsche gewartet: Schon im ersten Jahr verkauft BMW 13.000 Exemplare.

Durch die Isetta kann BMW zwar den Umsatz stabilisieren, Gewinne zur Sanierung des angeschlagenen Unternehmens lassen sich mit dem preisgünstigen Fahrzeug aber nicht machen. Um die Defizite auszugleichen, baut BMW in Milbertshofen 600 Arbeitsplätze ab und verkauft einen Teil der Produktionsanlagen in Allach an MAN. Durch diese Verkäufe kann die Geschäftsleitung 1956 noch einen Teil des

Verlustes in Höhe von 11,3 Millionen Mark kaschieren – die Bilanz weist nur 6,5 Millionen Mark aus –, doch Anfang 1957 wird Kurth Donath in den vorzeitigen Ruhestand geschickt. Mit ihm muß der gesamte Vorstand bis auf Heinrich Krafft von Delmensingen gehen. Neuer Generaldirektor und Vorstandsvorsitzender wird Heinrich Richter-Brohm, der wie viele andere Kritiker der BMW-Politik der Ansicht ist, daß das Unternehmen rechtzeitig einen Mittelklassewagen hätte entwickeln müssen. Nun aber fehlt das Geld für ein solches Projekt, und man macht lediglich einen zaghaften Versuch mit dem BMW 600 – quasi eine vergrößerte Isetta mit vier Sitzplätzen und dem 600-cm³-Boxermotor der R 60. Der Wagen wird vom Markt nicht akzeptiert und 1959 wieder eingestellt. Nur knapp entgeht BMW in diesem Jahr durch den Verkauf der noch verbliebenen Allacher Werksanlagen an MAN der Übernahme durch den Konkurrenten Daimler-Benz – die Bayerischen Motorenwerke stehen unmittelbar vor dem Aus.

1960
Sieben Staaten gründen die Europäische
Freihandels-Assoziation EFTA.

1961
Die DDR errichtet die Mauer zur Trennung Berlins.
In der Bundesrepublik werden die ersten
japanischen Motorräder verkauft.

1962
Die Kubakrise führt beinahe zu militärischen Ausein-
andersetzungen zwischen den USA und der UdSSR.

1963
Der Motorradbestand sinkt in der Bundesrepublik
unter eine Million.

1964
Die USA greifen offiziell in den Vietnamkrieg ein.

1965
Die Zahl der in der Bundesrepublik zugelassenen
Autos übersteigt die 10-Millionen-Grenze.

1966
In der Bundesrepublik werden über 10 Milliarden
Mark für den Straßenbau ausgegeben.

1967
In Südafrika gelingt die erste Herztransplantation.
Die deutsche Motorradproduktion ist auf dem Tiefpunkt.

1968
In der Bundesrepublik werden fast
1.000 japanische Motorräder zugelassen.

1969
Der Amerikaner Neil Armstrong betritt als erster
Mensch die Mondoberfläche.

1970
Der Benzinpreis sinkt mit 55 Pfennig je Liter
auf den niedrigsten Stand seit 1950.

1971
In Deutschland sind mehr als 15 Millionen
Kraftfahrzeuge zugelassen.

1972
Olympische Sommerspiele in München.
Der Motorradbestand in der Bundesrepublik
nimmt wieder zu.

1973
Erste „Energiekrise" in der Bundesrepublik.

1974
Die beiden deutschen Staaten richten gegenseitige
„ständige Vertretungen" ein.

1975
Ende des Vietnam-Krieges.
In Helsinki wird die KSZE-Schlußakte unterschrieben.

1976
Der Benzinpreis übersteigt in der Bundesrepublik
erstmals eine Mark je Liter.

1977
In der Bundesrepublik wird das „Datenschutzgesetz"
verkündet.

1978
Mit Erzbischof Karol Woityla wird erstmals seit über
400 Jahren ein Nicht-Italiener zum Papst gewählt.

1979
Die japanischen Motorrad-Hersteller teilen sich rund
80 Prozent des westdeutschen Motorradmarktes.

1960 – 1979
DER WEG AUS DER TALSOHLE

Die 60er Jahre
stellen für BMW
eine Durststrecke
dar, die 70er den
Aufbruch in eine
neue Zeit, für die
die R 90 S von 1973
als Symbol ange-
sehen werden
kann: 67 PS stark,
200 km/h schnell,
mutig designed

Das Jahr 1960 ist praktisch ein Neubeginn für BMW. Mit neuem Vorstand
und neuer Direktion – berufen unter dem
Einfluß der Großaktionäre Herbert und
Harald Quandt – startet das Unternehmen
von einem wirtschaftlichen Tiefpunkt in
eine ungewisse Zukunft. Man hat mit R 26,
R 50, R 60 und R 69 ein ordentliches Motorrad-Programm, aber der Zweiradmarkt
ist zur Bedeutungslosigkeit geschrumpft.
Das Motorrad scheint als Transportmittel
ausgedient zu haben; mitleidig schauen
die autofahrenden Bundesbürger auf jene
„armen" Zeitgenossen hinab, die sich
offensichtlich nichts besseres als ein mo-
torisiertes Zweirad leisten können. Der
Automobilmarkt explodiert geradezu,
aber die Bayern haben kein brauchbares
Mittelklasse-Auto im Programm, um davon zu profitieren. Immerhin entwickelt
sich der gerade eingeführte BMW 700 zu
einem Erfolg, der die Unternehmensleitung dazu bewegt, auf das Auto zu setzen, anstatt sich, wie viele der Motorrad-
Konkurrenten in Deutschland, mit der Produktion von Mopeds zu bescheiden.
Unter wirtschaftlichen Gesichtspunkten
ist es zu diesem Zeitpunkt eigentlich gar
nicht mehr zu rechtfertigen, die Motorrad-
produktion aufrechtzuerhalten. Aber man
fühlt sich in München der langen Tradition als Motorradmarke und dem daraus
entstandenen Renommee verpflichtet und
begibt sich sogar daran, die existierende
Modellpalette zu renovieren. Diese Entscheidung ist nicht zuletzt den Technikern
und Ingenieuren im Haus zu verdanken,
die sich seit eh und je dem Motorrad verbunden fühlen. Zu ihnen ist inzwischen
auch Helmut Werner Bönsch gestoßen,
der das Motorrad-Geschehen in Deutschland schon seit vielen Jahren als angese-
hener Journalist sowie als freier Ingenieur
und Sachverständiger begleitet und beein-
flußt. Er hat nun den Posten eines technischen Direktors übernommen. Unter seiner Leitung werden alle bestehenden Modelle überarbeitet und im August 1960 –
um der Öffentlichkeit ein Zeichen zu setzen, daß BMW zum Motorrad steht – der
internationalen Presse noch vor der IFMA
als neue Modelle auf dem Nürburgring
präsentiert. Die R 26 wird von der R 27 abgelöst, und die neue 250er wartet in der
Tat mit einer bemerkenswerten Neuerung
auf, die den bisherigen Widerspruch zwischen dem Fahrkomfort des Vollschwin-

Die R 69 S gilt
mit 175 km/h als
schnellstes
Serienmotorrad
der 60er Jahre

Klaus Enders und
Ralf Engelhardt
(Bild) sowie Max
Deubel und Emil
Hörner gelingt es,
je vier Welt-
meister-Titel auf
BMW zu erringen

Trotz miserabler Marktlage renoviert BMW 1960 die Modellpalette und führt zwei Sportmodelle ein: die R 50 S (Bild) mit 35 PS und die R 69 S mit 42 PS

gen-Fahrwerks und den deftigen Vibrationen des Singles auflösen soll: mit dem „Schwebemotor". Der durch eine erneute Erhöhung der Verdichtung und geänderte Steuerzeiten jetzt auf 18 PS Leistung bei 7.400 Umdrehungen gebrachte Einzylindermotor ist vollkommen in Gummi-Elementen aufgehängt, die Vibrationen von Fahrwerk und Passagieren fernhalten sollen. Das Prinzip funktioniert tatsächlich, und die R 27 darf als einer der sanftesten und leisesten Singles gelten, die je gebaut wurden. Äußerlich unterscheidet sich die neue BMW nur durch den zur besseren Wärmeableitung wieder schwarz lackierten Zylinder von ihrer Vorgängerin, und auch in puncto Gewicht und Höchstgeschwindigkeit gibt es kaum Unterschiede. Die R 27 kostet 2.430 DM – trotz dieses ziemlich hohen Preises wird der vorerst letzte Einzylinder von BMW noch sechs Jahre im Programm bleiben, bevor die relativ aufwendige Konstruktion nicht mehr bezahlbar erscheint. Viel geringfügiger als

an der 250er sind die Änderungen an den Boxern. R 50 und R 60 erfahren lediglich eine Leistungssteigerung um jeweils zwei PS, und es sind in erster Linie marktpolitische Gründe, die BMW veranlassen, die beiden Tourer in R 50/2 und R 60/2 umzubenennen. Allerdings gibt es nun auch eine Sportversion der 500er, die R 50 S, die durch ein drastisch gesteigertes Verdichtungsverhältnis neun PS mehr leistet als die R 50 und 160 km/h schnell sein soll. Diese Modellvariante soll mit ihrem Preis von 3.535 DM eine preiswertere Alternative zum neuen Topmodell darstellen, der 500 DM teureren R 69 S, die mit 42 PS immerhin 175 km/h schnell sein soll und wegen des bei der R 69 zuweilen beklagten Lenkerflatterns mit einem hydraulischen Lenkungsdämpfer anstelle eines mechanischen ausgerüstet ist. Die R 69 S wird in stattlicher Zahl für den Export gebaut, besonders in Amerika hat sie den Ruf eines komfortablen, prestigeträchtigen Motorrades. Für den US-Markt wird das

Topmodell in einigen Details modifiziert, zum Beispiel erhält es einen größeren Tank und eine durchgehende Zweipersonensitzbank – ein Extra, das bald auch deutsche Käufer ordern können, die ihre BMW bislang nur mit Einzelsitzen kaufen konnten. Ab 1967 wird die R 69 S sogar mit einer Telegabel anstelle der geschobenen Schwinge in die USA ausgeliefert.

Obwohl die R 69 S als das schnellste Serienmotorrad ihrer Zeit gilt, kann auch die Renovierung des BMW-Programmes den deutschen Motorradmarkt nicht beleben – im Gegenteil, er schrumpft weiter, und BMW wird mit technischen Problemen konfrontiert. Die Leistungssteigerung hat die Boxermotoren offensichtlich an ihre konzeptionellen Grenzen geführt, es treten vor allem an den S-Modellen Kolben- und Lagerschäden, ja sogar abreißende Zylinder auf. Die kritischen Artikel der Motorradpresse wirken auch nicht gerade verkaufsfördernd, der Ruf der BMW-typischen Zuverlässigkeit leidet. Da die unrentable Motorradproduktion der Entwicklungsabteilung keine allzu großen Investitionen erlaubt, um das Übel abzustellen, wird die R 50 S nach zwei Jahren und nur 1.600 produzierten Einheiten wieder eingestellt. Man konzentriert sich ganz auf die Verbesserung der R 69 S. Die erhält ab 1963 einen Schwingungsdämpfer für die Kurbelwelle, der den Motorschä-

Mitte der 70er Jahre erringen seriennahe BMW-Motorräder zahlreiche Sporterfolge. Bei den 200 Meilen von Daytona in den USA landen Steve McLaughlin (163) und Reg Pridmore (83) 1976 einen Doppelsieg.....

den ein Ende macht und den die Besitzer älterer Jahrgänge nachrüsten können.
1963 ist ein besonders schlechtes Jahr für die Motorradabteilung von BMW, nicht einmal 6.000 Einheiten verlassen das Werk in Milbertshofen. Dafür entwickelt sich die Automobilabteilung um so besser: Mit dem BMW 1500 hat das Unternehmen endlich den ersehnten Mittelklassewagen, der sich auch tatsächlich zum Verkaufserfolg entwickelt. 1964 produziert BMW bereits 50.000 Pkw. Die wirtschaftliche Krise ist überwunden, aber das Motorrad ist ganz deutlich in den Schatten des Automobils getreten. Bald stößt die Autoproduktion in Milbertshofen an die Grenzen der Kapazität. Die Unternehmensleitung beschließt deshalb zum einen den Kauf der vom Konkurs bedrohten Auto- und Landmaschinenfabrik Hans Glas in Dingolfing, zum anderen die Auslagerung der Motorradproduktion in das ehemalige Flugmotorenwerk in Berlin-Spandau. Diese Fabrik ist nach dem Krieg von den

Alliierten demontiert worden und fungiert seitdem als Zulieferbetrieb für Milbertshofen. Ende der 50er Jahre ist bereits die Motorenproduktion nach Spandau verlegt worden. Bis auf die Getriebefertigung, die erst 1975 folgen soll, ist die Auslagerung 1969 abgeschlossen – ein Jahr nachdem der Vertrieb der Motorräder durch die Gründung der BMW Vertriebs GmbH von der BMW AG abgekoppelt worden ist. Geschäftsführer der GmbH wird Horst C. Spintler. Diese Trennung von Automobil- und Motorradbereich mag einige Anhänger der weißblauen Marke unangenehm

.....während in Europa vor allem der Münchener Helmut Dähne für BMW-Erfolge sorgt, der im selben Jahr bei der Tourist Trophy auf der Isle of Man das Rennen für Produktionsmaschinen bis 1000 cm³ gewinnt

berühren, aber sie ist letztlich gleichbedeutend mit einem weitgehend selbständigen Neustart der Motorradmarke BMW. Daß es noch Leute gibt, die an deren Zukunft glauben, beweisen die Aktivitäten der Entwicklungsabteilung. An ihre Spitze tritt am 1. Januar 1964 mit Hans-Günther von der Marwitz ein erfahrener Techniker und Entwicklungsingenieur, der zunächst einmal den Schwerpunkt der Arbeit auf die Entwicklung eines neuen Fahrwerks für den Boxer legt. Die Versuchsabteilung hat bereits 1963 für den Einsatz des Boxers im Geländesport einen kompakteren Doppelschleifen-Rohrrahmen mit Teleskopgabel vorn und Schwinge hinten entwickelt, der sich in der Saison 1964 unter Sebastian Nachtmann und Manfred Sensburg bewährt – von der Marwitz treibt die Entwicklung in diese Richtung weiter. 1965 gibt der BMW-Vorstand auch grünes Licht für die Entwicklung eines neuen Motors, und Alexander von Falkenhausen wird mit dieser Aufgabe betraut. Es soll noch bis zum August 1969 dauern – inzwischen mehren sich in der Öffentlichkeit die Gerüchte über eine neue BMW und in der internationalen Fachpresse sind die ersten Fotos von Prototypen zu sehen –, bis der große Augenblick der feierlichen Präsentation gekommen ist. Wieder bittet Helmut Werner Bönsch die Journalisten an eine Rennstrecke – diesmal ist es der Hockenheimring. Er zeigt den eingeladenen Journalisten drei beinahe baugleiche neue Motorräder, die das bestehende Modell-

Auf der 1969 eingeführten /5-Baureihe basieren viele erfolgreiche BMW-Modelle – so auch die abgebildete R 90/6 von 1975

programm ablösen und die Grundsteine für eine ganz neue BMW-Generation bilden sollen: R 50/5, R 60/5 und R 75/5. Diese Baureihe hat mit ihren Vorgängern tatsächlich nur Zahl und Anordnung der Zylinder gemein – BMW ist natürlich dem luftgekühlten Boxer treu geblieben – und soll tatsächlich als Meilenstein in die deutsche Motorradgeschichte eingehen. Der neue Motor ist mit Leichtmetallzylindern anstelle der bislang üblichen Gußeisenzylindern ausgerüstet, und sein Gehäuse wirkt wesentlich höher und voluminöser als das des alten. Das liegt zum einen daran, daß ein elektrischer Anlasser – für R 60/5 und R 75/5 serienmäßig, für die R 50/5 auf Wunsch lieferbar – und der Luftfilter in das Motorgehäuse integriert sind. Zum anderen dient der 750-cm³-Motor der R 75/5 als Basis-Triebwerk für die ganze Baureihe; R 50/5 und R 60/5 haben dasselbe Motorgehäuse und dieselbe Kurbelwelle wie die große Schwester, der Hubraum wird über Zylinder mit kleinerer Bohrung reduziert. Der 500-cm³-Motor leistet 32 PS, der 600-cm³-Boxer 40 PS und das 750-cm³-Triebwerk gar 50 PS, die Nenndrehzahl aller drei Motoren liegt unterhalb von 6.500 Touren. Das niedrige Drehzahlniveau und zahlreiche aus dem Automotorenbau übernommene Details wie die Gleitlagerung der Kurbelwelle stellen Zuverlässigkeit in Aussicht, die Drehmomentstärke der Motoren hat die-

Techniker bewogen, es bei einem Viergang-Getriebe zu belassen. Um den Benziverbrauch niedrig zu halten und sanfte Lastwechsel zu bewirken, sind die beiden größeren Modelle mit Gleichdruck-Vergasern ausgestattet worden, nur die R 50/5 hat noch konventionelle Schiebervergaser. Die kettengetriebene Nockenwelle rotiert unterhalb anstatt wie früher oberhalb der Kurbelwelle, so daß die Stoßstangenrohre des Ventiltriebs nun unter den Zylindern verborgen sind. Das neue Fahrwerk, das mit der Telegabel vorn und der Schwinge hinten tatsächlich an die Geländesport-BMW erinnert, wirkt leichter und kompakter als das alte und läßt das ganze Motorrad trotz des großen Motors und trotz des 24 Liter Benzin fassenden Tanks leichter erscheinen als seine Vorgänger – tatsächlich wiegt die R 75/5 zehn Kilogramm weniger als die R 69 S. Dafür sind die neuen Maschinen allerdings nicht mehr für den Seitenwagenbetrieb zugelassen, aber die Zeit der Gespanne ist ohnehin vorbei. Sogar der renommierteste Seitenwagen-Hersteller, die Firma Steib, hat die Produktion einstellen müssen.

Die /5-Modelle können überzeugen wie kein BMW-Motorrad zuvor: Hans-Günther von der Marwitz hat sein Ziel erreicht, die Maschinen handlich und spurstabil zugleich zu machen; das ausgewogene Fahrwerk bietet viel Komfort durch lange Federwege sowie sportliche Qua-

litäten durch Hochgeschwindigkeitsstabilität und viel Bodenfreiheit bei Schräglage. Die /5-Modelle sind – abgesehen von einer weißen Exportversion der R 69 S – die ersten BMW-Motorräder, die nicht nur in dem traditionellen Schwarz mit der typischen weißen Doppellinie angeboten werden; es gibt sie auch in Silber und in Weiß und später auch in Rot und in Blau. Die Preise für die neuen Modelle sind, verglichen mit denen der Vorgänger, sogar recht moderat: Die R 75/5 kostet mit 4.996 DM nur 500 DM mehr als die vergleichsweise altbackene R 69 S, die R 60/5 kostet gar nur 3.996 DM und die R 50/5 noch einmal 300 DM weniger.

Die Reaktion der Fachpresse auf die neuen Motorräder ist allenthalben positiv bis euphorisch. Da inzwischen auch der Motorradmarkt wieder eine Belebung erfahren hat, ist das Interesse an den /5-Modellen dementsprechend groß. BMW kann diese Nachfrage im ersten Produktionsjahr allerdings gar nicht befriedigen: Der Umzug nach Berlin und die Umstellung auf die neue Baureihe haben doch zu einigen Engpässen geführt. 1969 werden nicht einmal 5.000 Motorräder hergestellt. Aber schon im folgenden Jahr läuft die Produktion reibungsloser, und 1971 liefert BMW 18.000 Einheiten aus. Die lange Entwicklungszeit der /5-Reihe macht sich positiv dadurch bemerkbar, daß keines der neuen Modelle unter Kinderkrankheiten leidet. BMW hat in allen Details ausgereifte Motorräder auf den Markt gebracht und poliert wieder kräftig am Ruf der Zuverlässigkeit. Dieses Image zeitigt nicht nur Erfolg bei den Motorradfahrern, auch die Behördenaufträge aus aller Welt nehmen zu. BMW-Motorräder gelten vielerorts als die Rolls Royce unter den Zweirädern.

Insgesamt ist wieder Bewegung in den Motorradmarkt gekommen. Aus den USA bringt die Easy-Rider-Welle frischen Wind nach Europa. Das Image des Motorrades wandelt sich vom preiswerten Fortbewegungsmittel zum sportlichen Freizeitgerät. Wesentlichen Anteil an dieser Entwicklung haben die japanischen Motorradhersteller, die schon in den 60er Jahren begonnen haben, in USA und Europa konkurrenzfähige Motorräder zu günstigen Preisen anzubieten. Haben sie dabei zu Anfang noch die großen Hubraumklassen ausgespart, so kommt jetzt beinahe zeitgleich mit der /5-Baureihe die Honda CB 750 auf den deutschen Markt, das erste Großserien-Motorrad mit einem quer eingebauten Vierzylinder-Reihenmotor. Die Honda erregt noch mehr Aufsehen als die R 75/5 – kein Wunder, wartet sie doch mit 67 PS und einer hydraulischen Scheibenbremse im Vorderrad auf. Allerdings kostet sie auch 1.600 DM mehr als die BMW, und ihr Fahrwerk gilt als nicht ganz so gut wie das der deutschen Maschine. Beide Motorräder aber liegen in der richtigen Hubraumklasse, denn die Verkaufszahlen beweisen, daß der Trend zu den hubraumstarken Motorrädern führt.

Die Ingenieure bei BMW scheinen diese Entwicklung geahnt zu haben, denn die /5-Baureihe ist von Anfang an darauf ausgelegt, auch größere Hubräume als 750 cm³ zu realisieren. Die Umsetzung läßt allerdings noch auf sich warten, außer Detailverbesserungen und Preiserhöhungen geschieht erst einmal nichts, nicht einmal – wie allgemein erwartet – zur IFMA 1972 in Köln. 1973 aber ist ein Jahr großer Ereignisse für BMW: Der Boxer feiert seinen 50. Geburtstag, das 500.000. BMW-Motorrad verläßt das Fließband in Berlin, in München wird das neue Verwaltungsgebäude, der berühmte „Vierzylinder", eingeweiht, und schließlich präsentiert man im Herbst das neue Motorrad-Programm. Das 500er Modell wird vom Markt ge-

nommen, 600er und 750er sind überarbeitet und heißen nun R 60/6 und R 75/6. Zwei neue 900-cm³-Modelle runden die Palette nach oben ab: die R 90/6 und die R 90 S. Die beiden großen Maschinen sorgen natürlich für besonderes Aufsehen, aber auch die Ausstattung der anderen Modelle fällt auf. Bis auf die R 60/6, die vorn weiterhin mit einer mechanischen Duplex-Trommelbremse verzögert wird, haben alle BMW-Motorräder nun eine hydraulisch betätigte Scheibenbremse im Vorderrad, die R 90 S sogar deren zwei. Wie inzwischen bei allen modernen Maschinen üblich, haben auch die /6-Modelle ein Fünfgang-Getriebe, und zudem kommen nun alle vier mit zeitgemäßen Halogenscheinwerfern. Das gesamte Erscheinungsbild der Motorräder ist modernisiert worden, das veraltete Kombi-Instrument im Scheinwerfergehäuse wurde durch zwei in einer Konsole zusammengefaßte Einzelinstrumente für Geschwindigkeit und Drehzahl ersetzt. Schon während der /5-Serie ist der wuchtige Tank durch einen kleineren, nur 18 Liter fassenden ersetzt worden. Doch der Star des Programmes, die R 90 S, kommt nun wieder mit einem 24 Liter großen, allerdings neu gestalteten Tank. Der fügt sich ganz in die von Design-Chef Hans A. Muth konzipierte Linie von der neuen lenkerfesten Cockpitverkleidung bis zum sportlichen Höcker der Doppelsitzbank. Bei der Farbwahl wird BMW immer mutiger, das neue Topmodell wird sogar auf Wunsch mit orangener Lackierung geliefert. Der Motor der R 90 S, der als einziger im Programm von zwei 38 Millimeter großen

Schiebervergasern gefüttert wird, leistet genausoviel wie der der Honda CB 750, nämlich 67 PS, und macht das Motorrad 200 km/h schnell. Die R 90 S ist die erste BMW, die diese magische Geschwindigkeit erreicht, und angesichts dessen erscheint die doppelte Scheibenbremse im

Ein Musterbeispiel BMW-typischer Modellpflege stellt die R 60/7 von 1976 dar – vielleicht das ausgereifteste Allround-Motorrad seiner Zeit

Die R 100 RS von 1976 mit dem von Hans A. Muth entworfenen „Integral-Cockpit" ist das erste vollverkleidete Großserien-motorrad der Welt

Vorderrad durchaus angemessen. Mit einem Preis von 8.510 DM ist sie allerdings auch in dieser Beziehung in ganz neue Dimensionen vorgestoßen. Ebenfalls 900 cm³ Hubraum, wenn auch sieben PS weniger hat die R 90/6 für 7.150 DM zu bieten – das sind nur 500 DM mehr, als die 750er BMW inzwischen kostet. Das bei den Behörden beliebteste, weil mit dem günstigsten Preis-Leistungs-Verhältnis aufwartende Modell aber ist die 5.745 DM teure R 60/6. Trotz ihres hohen Preises entwickelt sich die R 90 S schnell zum Verkaufsschlager – das Werk kann im ersten Jahr gar nicht allen Bestellungen nachkommen und nicht mehr als 6.000 Einheiten produzieren.

Es geht also wieder aufwärts mit BMW, und die Entwicklung des Motorradmarktes gibt Anlaß zu Optimismus. Allerdings decken die Japaner mit ihrem reichhaltigen Angebot einen Großteil der Nachfrage ab und kommen den immer unterschiedlicheren Wünschen der Kunden mit

einer Vielzahl verschiedenartiger Modelle viel schneller nach, als BMW das kann. Ein vielseitiges Motorrad wie der bayerische Boxer hat zwar seine Marktchance, doch kann es so spezielle Kundenwünsche wie den nach einem komplett ausgestatteten Tourer oder nach einem geländetauglichen Motorrad ohne größere Modifikationen nicht erfüllen und läuft zudem angesichts der modernen japanischen Maschinen mit teils vier Zylindern und ohc- oder gar dohc-Technik Gefahr, bald als veraltet zu gelten. Das immer breiter werdende Angebot aus Fernost setzt die Münchener unter Druck, ihre Angebotspalette zu erweitern und ständig zu modernisieren. Nun war ja Modellpflege schon immer eine Stärke von BMW, doch mit der Programmerweiterung tun sich die Bayern wesentlich schwerer. Es dauert drei Jahre bis zum nächsten Schritt in diese Richtung: 1976, als alle Modelle diverse Änderungen erfahren, wird die Palette nach oben um ein Motorrad erweitert. R 60/6 und

R75/6 erhalten unter anderem einen verstärkten Rahmen, den größeren Tank der R 90 S – nun allerdings mit versenktem Verschluß – sowie neue, kantige Zylinderkopfdeckel und heißen fortan R 60/7 und R 75/7, wobei die erstere nun auch mit einer Scheibenbremse ausgerüstet wird. Die R 90/6 erfährt dieselben Änderungen, zudem wird der 900-cm³-Motor auf volle 1.000 cm³ aufgebohrt, so daß sie nun R 100/7 heißt. Die Maximalleistung bleibt für dieses Modell bei 60 PS, für die S hingegen, die darüber hinaus die wenigsten Änderungen erfährt, wird sie auf 70 PS angehoben. Neu im Programm ist eine weitere Variante der R 100 S, die statt der lenkerfesten Cockpitverkleidung eine rahmenfeste Vollverkleidung und den Typennamen R 100 RS trägt. BMW nennt die Verkleidung, die wiederum von Hans A. Muth entworfen und im Windkanal entwickelt worden ist, „Integral-Cockpit" und weist stolz darauf hin, daß die R 100 RS das erste serienmäßig verkleidete Groß-

53

serien-Motorrad ist. In den Tests der Fachzeitschriften wird diese Neuerung durchweg gelobt, denn die Verkleidung bietet
dem Fahrer effektiven Wind- und Wetter-
schutz und verbessert bei hohen Ge-
schwindigkeiten durch ihre Abtriebwir-
kung die Richtungsstabilität. Der Abtrieb
senkt allerdings auch etwas die Höchstgeschwindigkeit, und obwohl das Werk sowohl für die R 100 S als auch für die RS eine Spitze von 200 km/h angibt, gilt die S
unter den Sportfahrern bald als schnellste
BMW. Die RS aber macht sich unter den
Fahrern, die schnell, aber komfortabel
vorankommen wollen, besonders beliebt
und trifft damit offensichtlich auf ein brei-
tes Publikum, denn sie wird das Erfolgsmodell der kommenden Jahre. BMW nutzt
die Einführung der /7-Reihe zu einer deftigen Preiserhöhung: Die R 100/7 kostet mit
8.590 DM volle 1.440 DM mehr als die
R 90/6, die auf Wunsch mit Leichtmetall-
gußrädern lieferbare R 100 RS hat mit
11.210 DM die 10.000-Mark-Grenze bereits satt überschritten.
1976 ist auch das Jahr, in dem sich die
BMW-Motorradabteilung de jure endgültig vom Mutterhaus abnabelt: Die BMW
Motorrad GmbH wird als eigenständige
Tochter aus der BMW AG ausgegliedert.
Geschäftsführer der GmbH wird der Tech-
nik-Vorstand der AG, Hans Koch. Ein Jahr
später übergibt Koch das Amt an Rudolf
Graf von der Schulenburg. Weitere Modellpflege steht nun ins Haus: Der Hubraum der R 75/7 wird auf 800 cm³ und ihre Leistung von 50 auf 55 PS angehoben –
sie heißt nun R 80/7 –, die R 100 RS erhält
die Gußräder serienmäßig und als erste
BMW auch hinten eine Scheibenbremse.
Schon ein weiteres Jahr später, 1978, wird
auch die R 100/7 durch eine Leistungssteigerung auf 65 PS und durch eine ver-
besserte Ausstattung aufgewertet und
heißt fortan R 100 T. Neben der R 100 RS
wird noch eine weitere vollverkleidete
1.000er mit einem modifizierten, breite-
ren Verkleidungsoberteil samt hoher, ver-
stellbarer Scheibe und hohem Lenker als
Langstrecken-Reisemotorrad angeboten:
die 11.909 DM teure R 100 RT.
Diese für BMW-Verhältnisse geradezu
hektische Modellpolitik wird im selben
Jahr noch von einer ganz neuen Baureihe
im unteren Marktsegment geprägt: die
R 45 /R 65. BMW hat ja bislang ein echtes

Einsteiger-Motorrad gefehlt. Damit hat das
Unternehmen nicht nur eine ganzes
Marktsegment der Konkurrenz überlassen,
sondern auch die Chance vertan, Motor-
rad-Anfänger gleich zu Beginn an die Marke zu binden. Um die „kleine" BMW zu
konstruieren, hat die Entwicklungsabteilung unter konsequenter Anwendung des
Baukastenprinzips von den großen Maschinen übernommen, was eben möglich
war, und neu konstruiert, was unbedingt
nötig war.
Auf der IFMA in Köln – wo übrigens alle
R 80- und R 100-Typen mit Leichtmetall-
gußrädern und Doppelscheibenbremse
vorn stehen – kann das Publikum auch die
Motorräder der neuen Baureihe bewundern: mit modifiziertem Rahmen und kür-
zerem Radstand, mit neuen Federelemen-
ten und kürzeren Federwegen, mit Gußrädern statt Drahtspeichenrädern, mit 18-
statt 19-Zoll-Rad vorn, komplett ausgestattet, aber trotzdem 15 Kilogramm leichter als die „großen" BMW. Die R 65 mit
649 cm³ Hubraum hat 45 PS und löst die
R 60/7 ab. Das echte Einsteiger-Motorrad
aber, die R 45, hat 473 cm³ und wird wahlweise mit 27 oder 35 PS angeboten – als
Reaktion auf das inzwischen in der Bundesrepublik gültige Versicherungssystem,
das Motorräder nicht mehr nach Hubraum, sondern nach Motorleistung einstuft
und als besonders günstige Einsteigerklas-
se die bis zu 27 PS vorsieht.
Leider ist es dem Werk nicht gelungen, die
neuen Motorräder zu einem wirklich günstigen Preis anzubieten: Mit 5.880 DM für
die R 45 und 7.290 DM für die R 65 ist

BMW auch in dieser Klasse der teuerste
Anbieter auf dem Markt. Trotzdem findet
zumindest die R 45 ihre Freunde und darf
als Erfolg bewertet werden, wenn sie auch
nicht so einschlägt, wie sich das ihre Vä-
ter erhofft haben. Käufer sind neben den
anvisierten Anfängern auch jene BMW-

Mit der Einführung der R 100 RT, die wie die R 100 RS des gleichen Jahrganges auf Gußrädern rollt, festigt BMW 1978 den Ruf der Boxer als perfekte Tourenmotorräder

Mit der R 45 versucht BMW 1978, den veränderten Versicherungs-Klassen Rechnung zu tragen und ein Einsteiger-Motorrad anzubieten

Fahrer, die früher eine R 50/5 gefahren sind, sowie Frauen, die die R 45 wegen ihrer niedrigen Sitzhöhe und der relativ schmalen Linie bevorzugen.

Wer auf der IFMA 1978 das gesamte BMW-Programm in Augenschein nehmen will, der muß sich dazu schon Zeit nehmen, denn so groß ist die Palette seit den späten 30er Jahren nicht mehr gewesen. Mit R 45 und R 65 als Einsteigermodellen, R 80/7 und R 100 T in der Preis-Mittelklasse sowie R 100 S, R 100 RS und R 100 RT als Topmodellen versuchen die Bayern, allen Ansprüchen gerecht zu werden. Aber die Modellpolitik ist im Hause BMW nicht unumstritten, weil sich die Entwicklungsabteilung nach Meinung vieler Kritiker zuviel mit dem betagten Boxer befaßt und sich mit der Entwicklung alternativer Konzepte zuviel Zeit läßt. Auch die Absatzplanung liegt im argen: In der Überzeugung, am neuen Motorrad-Boom in vollen Zügen teilhaben zu können, wenn man nur die Lieferengpässe der Vergangenheit vermeidet, hat die Geschäftsleitung große Stückzahlen eines jeden Modells produzieren lassen, sich bei den Absatzmöglichkeiten aber wohl doch verschätzt. Zum einen akzeptiert nämlich der Markt einzelne Modelle nicht wie erwartet, zum anderen stocken die Exporte in die USA wegen der akuten Dollar-Schwäche. Aus diesem Grund sind die Lagerbestände im Winter höher, als es wirtschaftlich vertretbar ist. Innerhalb des Unternehmens weist man sich gegenseitig die Schuld für diese Entwicklung zu, und wieder einmal wird die Frage aufgeworfen, ob die Motorradproduktion für BMW überhaupt eine Zukunft hat. Angesichts der Produktvielfalt, des hohen technischen Niveaus und der niedrigen Preise der japanischen Motorradhersteller, die den Weltmarkt inzwischen eindeutig beherrschen, stellt sich diese Sinnfrage eigentlich für alle verbliebenen europäischen Produzenten, die allesamt der japanischen Herausforderung ziemlich hilflos gegenüberstehen und bislang noch kein überzeugendes Konzept gefunden haben, um konkurrenzfähig zu bleiben. Aber auch diesmal entscheidet sich die BMW-Unternehmensspitze ganz eindeutig für das Motorrad – allen voran Konzernchef Eberhard von Kuenheim, der sein Amt als Vorsitzender des Vorstandes der BMW AG im Jahr 1970 angetreten und das Unternehmen seither steil bergauf geführt hat. Statt für die Auflösung der Motorrad GmbH entscheidet sich von Kuenheim dafür, die Führungsmannschaft auszutauschen: Der Geschäftsführer der GmbH, Rudolf Graf von der Schulenburg, wird am 1. Januar 1979 durch Dr. Eberhard C. Sarfert ersetzt, Hans-Günther von der Marwitz wird als Leiter der Fahrzeugentwicklung von Richard Heydenreich abgelöst, Klaus Volker Gevert folgt Hans A. Muth als Design-Chef, Martin Probst wird Leiter der nun selbständigen Motorenentwicklung und Karl Gerlinger wird der neue Marketing- und Vertriebschef.

1980
Irak beginnt Krieg gegen den Iran. „Die Grünen" werden bundespolitisch aktiv.

1981
IBM führt den Personal Computer ein. Der Benzinpreis steigt in der Bundesrepublik auf 1,50 Mark.

1982
Zwischen Großbritannien und Argentinien kommt es zum Krieg um die Falkland-Inseln. Der Motorrad-Boom in der Bundesrepublik erreicht mit 120.000 Neuzulassungen einen Höhepunkt.

1983
US-Truppen besetzen die Karibikinsel Grenada. Bundesdeutsche Behörden zählen 47 AIDS-Kranke.

1984
Die indische Premierministerin Indira Gandhi stirbt bei einem Attentat. Der Motorradmarkt der Bundesrepublik ist nach dem zweiten Nachkriegs-Boom erneut rückläufig.

1985
Compact Discs und CD-Player beginnen ihren Siegeszug gegen Schallplatten und Plattenspieler. Boris Becker gewinnt als erster Deutscher und jüngster Tennisspieler überhaupt das Herren-Einzel in Wimbledon.

1986
In der Sowjetunion gerät das Atomkraftwerk von Tschernobyl außer Kontrolle. In der Bundesrepublik werden nur noch wenig mehr als 70.000 Motorräder neu zugelassen.

1987
Der sowjetische Regierungschef Michail Gorbatschow leitet in der UdSSR die Periode von „Glasnost" (Offenheit) und „Perestrojka" (Umgestaltung) ein. DDR-Staatschef Erich Honecker stattet der Bundesrepublik erstmals einen offiziellen Besuch ab.

Die 80er Jahre sind für BMW Jahre der Erneuerung: Dem traditionellen Zweizylinder-Boxer werden Reihenmotoren zur Seite gestellt – 1983 der Vierzylinder in der K 100, 1985 der Dreizylinder in der K 75 C (Bild)

VOM BOXER ZUM COM- PACT DRIVE SYSTEM

Die neue Führungsriege der BMW Motorrad GmbH unter Dr. Eberhard Sarfert begibt sich sofort an die beschleunigte Entwicklung neuer Motorradkonzepte, die natürlich hinter verschlossenen Türen stattfindet und ihren Niederschlag im Modellprogramm erst Jahre später finden soll. Aber auch für die beiden bereits existierenden Baureihen sinnt man auf eine Erweiterung der Zielgruppe und wendet sich einem Feld zu, das die Japaner bereits seit geraumer Zeit beackern: den Enduros – Motorrädern, die sowohl auf der Straße als auch im Gelände eingesetzt werden können. Wie schon so oft in der BMW-Geschichte wählt man als Entwicklungsfeld den sportlichen Wettbewerb. 1979 nimmt nach langer motorsportlicher Abstinenz des Unternehmens eine GS 80 genannte Werksmaschine an der Deutschen und der Europäischen Geländemeisterschaft teil. Schon ein Jahr später steht auf der IFMA in Köln das daraus abgeleitete Serienmodell R 80 G/S – G steht für Gelände und S für Straße.

Die neue Maschine ist mit dem Motor, dem nur leicht modifizierten Rahmen und der ebenfalls nur geringfügig geänderten Telegabel der R 80/7 ausgestattet. Neben den off-road-spezifischen Details wie dem hohen Lenker, dem 21-Zoll-Vorderrad, den Drahtspeichen, der Vorderradschutzblechbefestigung unter der Gabelbrücke, der hochverlegten Auspuffanlage und dem groben Reifenprofil fällt besonders die Hinterradführung per Einarmschwinge auf. BMW nennt dieses Prinzip „Monolever" – die Kardanwelle läuft in dem einzelnen voluminösen Schwingenarm, der sich über ein Federbein gegen den Rahmen abstützt, das Rad läuft linksseitig frei und ist mit drei Radschrauben anstatt mit einer Steckachse befestigt. Die R 80 G/S ist zumindest optisch zunächst gewöhnungsbedürftig, und die typischen BMW-Kun-

Neue Modelle sollen dem Boxer neue Zielgruppen erschließen – zum Beispiel die R 80 G/S von 1980 (ganz links) und die R 65 LS von 1981. Während die beliebte G/S eine ganze Baureihe begründet, wird die erfolglose LS 1985 wieder eingestellt

den verhalten sich dem vermeintlichen Geländemotorrad gegenüber recht zögerlich, zumal auch der stolze Preis von 8.920 DM eine gewisse Abschreckungsfunktion hat. Bald aber spricht es sich herum, daß die neue BMW durch ihren Charakter eine ganz neue Enduro-Generation begründet. Sie ist nicht nur trotz des recht bulligen Aussehens im leichten Gelände einsetzbar, sondern sie taugt auch viel besser zum Reisen als die bisherigen Enduros mit ihren rauhen Einzylindermotoren, den pflegebedürftigen Kettenantrieben und den kleinen Tanks – die R 80 G/S prägt den Begriff „Reise-Enduro". Mit 50 PS und 165 km/h Höchstgeschwindigkeit nimmt sie zudem für sich in Anspruch, die stärkste und schnellste Enduro der Welt zu sein.

Mit der Einführung der G/S wird die R 80/7 aus dem Programm genommen, die R 100 T heißt fortan schlicht R 100, und die R 100 S wird zum Nostalgie-Modell R 100 CS mit Drahtspeichenrädern, Trommelbremse hinten und ausschließlich schwarzer Lackierung umfunktioniert. Nach kurzer Zeit rollt allerdings auch diese Maschine wegen Problemen mit den Naben wieder auf Gußrädern. An R 45 und R 65 werden die Motor-Schwungmassen verringert, um die Maschinen agiler zu machen. Die Leistung der R 65 wird zudem auf 50 PS gesteigert, um die Grenzen dieser Versicherungsklasse voll zu nutzen. Außerdem steht ihr ab 1981 das Schwestermodell R 65 LS zur Seite, das mit neuen Verbundgußrädern, einer eigenwilligen Cockpit-Verkleidung und schwarzer Auspuffanlage eine gewisse Extravaganz ausstrahlt, mit 8.640 DM aber viel zu teuer ist, um zum Verkaufsschlager zu werden. Die Akzeptanz der R 80 G/S ermutigt BMW, von diesem Motorrad 1982 eine Straßenversion namens R 80 ST auf den Markt zu bringen, die sich nur im kleineren 19-Zoll-Vorderrad, der von der R 65 übernommenen Telegabel und der Straßenbereifung von der G/S unterscheidet. Im gleichen Jahr wird der beliebten, aber sehr teuren R 100 RT eine weniger aufwendig ausgestattete Version mit dem 800er Motor zur Seite gestellt: Die R 80 RT ist mit 10.990 DM immerhin um mehr als 2.000 DM preiswerter als ihre große Schwester. Damit hat BMW 1982 insge-

Die 90 PS starke BMW K 100 eröffnet 1983 eine ganze Reihe von Neuerscheinungen mit flüssigkeitsgekühlten Reihenmotoren, Benzineinspritzung und Einarmschwinge

1982 versucht BMW vergeblich, mit dem technischen Konzept auch den Erfolg der Enduro R 80 G/S auf ein reines Straßenmotorrad zu übertragen – die R 80 ST wird 1985 wieder vom Markt genommen

samt zehn Modelle im Programm – R 45, R 65, R 65 LS, R 80 G/S, R 80 ST, R 80 RT, R 100, R 100 CS, R 100 RS und R 100 RT – mehr denn je zuvor. Alle beruhen auf demselben, aus dem Jahre 1923 stammenden Prinzip des luftgekühlten kopfgesteuerten Zweizylinders mit einander gegenüberstehenden Zylindern. Doch das Ende des klassischen BMW-Boxers scheint in Sicht, denn in der Fachpresse werden immer häufiger Fotos von beinahe serienreif anmutenden BMW-Motorrädern mit einem flüssigkeitsgekühlten Reihenmotor veröffentlicht, und es steht nicht zu vermuten, daß das Werk die Modellpalette noch mehr ausweiten wird, sondern daß der Boxer dem neuen Modell weichen muß. Schon seit den 60er Jahren denkt

man bei BMW über alternative Motorenkonzepte nach, doch über Entwürfe und Holzmodelle ist keiner der Pläne hinausgekommen. Zuletzt ist 1974 die Idee eines Weitwinkel-V 4-Motors mit obenliegenden Nockenwellen und 1200 cm³ Hubraum verworfen worden, der zahlreiche Bauteile aus der Automobilabteilung übernehmen sollte. Danach hat die Entwicklungsabteilung unter Hans-Günther von der Marwitz immerhin das Projekt eines flüssigkeitsgekühlten Boxers mit obenliegenden Nockenwellen bis zum Prototypenstadium vorangetrieben. 1978 aber ist auch dieser Plan aufgegeben worden, weil ein solcher Boxer zu groß und zu schwer geraten wäre. Statt dessen hat BMW auf der IFMA 1978 in Köln dem

Publikum Einblick in das Gedankenmodell einer Motorrad-Reihe im Baukastensystem mit längs eingebautem Reihenmotor gegeben. Für diese „Module" genannte Reihe sind flüssigkeitsgekühlte Motoren mit zwei, drei und vier Zylindern vorgesehen, und ihr Längseinbau würde solche Motorräder nicht nur von den japanischen Maschinen unterscheiden, deren Reihenmotoren ausnahmslos quer eingebaut sind, sondern auch den BMW-typischen Kardanantrieb erleichtern.
Die Idee der ungewöhnlichen Motoranordnung stammt von dem jungen BMW-Ingenieur Josef Fritzenwenger, der aber einen Reihenmotor nicht nur längs, sondern auch liegend einbauen will – ein bislang noch nie realisiertes Konzept, das

er bereits 1977 versuchsweise mit dem Motor eines Peugeot 104 in einem Motorradfahrwerk in die Praxis umgesetzt hat. Der flüssigkeitsgekühlte Vierzylindermotor des Peugeot eignet sich als Versuchsträger, weil sein modernes Konzept mit Aluminium-Zylinderblock, Querstrom-Zylinderkopf und obenliegender Nockenwelle einem geeigneten Motorradmotor recht nahekommt.

Während noch auf der IFMA das Module-Konzept mit stehenden Zylindern gezeigt wird, ist es in der Entwicklungsabteilung bereits beschlossene Sache, daß unter dem Code K 4 ein liegender Vierzylinder mit 1.300 cm³ und als K 3 ein Dreizylinder mit 800 bis 1.000 cm³ Hubraum entwickelt werden soll. Als am 1. Januar 1979 die neue Geschäftsführung der Motorrad GmbH ihre Arbeit aufnimmt, ist es einer ihrer ersten Beschlüsse, die Eckdaten für den neuen Motor festzulegen: Nicht 1.300, sondern 1.000 cm³ soll der Vierzylinder haben, die Motorleistung soll nicht höher als 90 PS sein, um einen günstigen Drehmomentverlauf zu erzielen. Am 1. Februar wird das Konzept beim Patentamt unter dem Namen „BMW Compact Drive System" auf Josef Fritzenwenger eingetragen, am 20. Februar bestätigt der Vorstand der BMW AG das Vorhaben und beauftragt Martin Probst mit der Realisierung. Wie schon oft bei BMW ist allerdings der Weg von der Planung bis zur Serienreife sehr lang – so lang, daß in der Zwischenzeit sogar der Entwicklungsabteilung eine neue Struktur gegeben und ein neuer Mann an die Spitze gestellt wird: der Österreicher Stefan Pachernegg, der von Puch zu BMW wechselt.

Nach zahllosen Versuchen und Modifikationen, in deren Verlauf der neue Motor zu zwei obenliegenden Nockenwellen und zu einer elektronischen Benzineinspritzung kommt, nach Hunderttausenden von Kilometern auf der BMW-Teststrecke von Ismaning, auf dem Nürburgring und auf öffentlichen Straßen wird die BMW K 100, wie das neue Motorrad heißt, im August 1983 endlich der Öffentlichkeit vorgestellt – genau 60 Jahre nach Einführung der R 32 und am selben Ort, nämlich in Paris. Der Vierzylindermotor der K 100 ist als mittragendes Bauteil in einem Brückenrohr-

rahmen aufgehängt, die gegossene Paralever-Einarm-Hinterradschwinge ist am Getriebegehäuse angelenkt und führt ein gegossenes 17-Zoll-Leichtmetallrad. Vorn läuft ein 18-Zoll-Rad in einer konventionellen Telegabel, verzögert wird über drei Scheibenbremsen. Die elektronische Benzineinspritzung der K 100 wird aus einem 22-Liter-Tank gespeist und genauso wie die elektronische Zündung von einem Rechner gesteuert – elektronisches Motormanagement nennt BMW diese fortschrittliche Lösung. Das Werk gibt als Höchstleistung 90 PS bei 8.000 Umdrehungen pro Minute und als Höchstgeschwindigkeit 215 km/h an. Damit ist die K 100 zwar den durchweg 100 PS starken japanischen Konkurrenten in der Spitzenleistung unterlegen, doch dafür bietet die neue BMW fortschrittliche Motorentechnik, eine äußerst füllige Drehmomentkurve und mit 215 Kilogramm für ein Vierzylinder-Motorrad ein extrem niedriges

Gewicht. Die Fachpresse bestätigt der K 100 dann auch nach den ersten Testfahrten ein hervorragendes Handling und gute Fahrleistungen, und die Tendenz der Testberichte reicht von Anerkennung bis zu Begeisterung. Für die Fertigung des neuen Motorrades hat BMW in Berlin mit Millionenaufwand völlig neue Produktionsanlagen erstellen lassen, die zu den modernsten der Welt zählen. Im Oktober 1983 wird dort die Serienfertigung aufgenommen, und die ersten K 100 können zum Preis von 12.490 DM verkauft werden. Noch im selben Jahr wird auch eine Sportversion mit schmalem Lenker und flacher Verkleidung, die K 100 RS, lieferbar, die 13.320 DM kostet. Und im Frühjahr 1984 kommt die 15.600 DM teure Tourenversion K 100 RT hinzu, die sich aber, wie auch die RS, technisch nicht vom Basismodell unterscheidet. Trotz der relativ hohen Preise kommen alle drei Typen sehr gut beim Publikum an, und

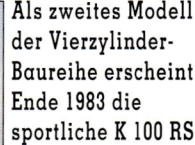

Als zweites Modell der Vierzylinder-Baureihe erscheint Ende 1983 die sportliche K 100 RS

Für die Fertigung der K-Modelle hat BMW im Berliner Werk mit Millionenaufwand neue Fertigungsstraßen erstellt

Bereits 1984 vervollständigt der 15.600 DM teure Luxus-Tourer K 100 RT die neue Vierzylinder-Palette

schon bald ist die K 100 die meistverkaufte 1.000er in Deutschland. Zwei Baureihen mit 1000 cm³, so ist die Meinung bei BMW, vertragen sich nicht miteinander, deshalb wird die Produktion aller R 100-Typen im August 1984 eingestellt. Wer aber geglaubt hat, BMW plane, den Boxer über kurz oder lang völlig aufzugeben, der sieht sich getäuscht. Noch im Herbst desselben Jahres steht auf der IFMA in Köln als Nachfolgerin für die unverkleidete R 100 eine neue R 80, für die man in München tief in den Baukasten gegriffen hat: Das Fahrwerk und der Motor stammen von der R 80 ST, das Vorderrad von der K 100, Tank, Schalter und diverse Kleinigkeiten von der R 100. Nur wenige Bauteile, wie zum Beispiel die Auspuffanlage, sind neu.

Auch die R 80 RT, bislang bis auf den Motor identisch mit der eingestellten R 100 RT, basiert ab sofort auf dieser neuen R 80, und nur ein Jahr später kommt auch die R 65 in dieser Aufmachung daher und stellt fortan – wahlweise mit 27 oder 50 PS zu haben – das BMW-Einsteigermodell dar, weil gleichzeitig die Produktion der R 45 eingestellt wird.

Schon ein Jahr vorher ist eine Sonderserie der inzwischen äußerst beliebten BMW Enduro aufgelegt worden: die R 80 G/S Paris-Dakar. Dieses Motorrad ist optisch den Werksmaschinen nachempfunden, die BMW bei der berüchtigten Rallye von Paris nach Dakar in Westafrika erfolgreich eingesetzt hat, und soll die Rallye-Siege nun in Verkaufserfolge ummünzen. Vor-

hergegangen ist dem Werkseinsatz die Rallye-Teilnahme des Franzosen Jean Claude Morellet, besser bekannt unter seinem Pseudonym „Fenouil", auf einer von dem Allgäuer Herbert Schek vorbereiteten BMW GS. Schek ist selbst seit vielen Jahren aktiver Geländefahrer und hat für BMW mehrere Meisterschaften gewonnen. Fenouil hat schnell erkannt, daß ein Sieg bei der Paris-Dakar nur mit Werksunterstützung möglich ist, und als BMW die R 80 G/S einführt, erkennt er seine Chance und fragt in München um Unterstützung nach. Da BMW France der in Frankreich sehr populären Rallye großen Wert beimißt, stößt Fenouil auch im Mutterhaus nicht auf taube Ohren – das O.K. aus München kommt allerdings erst kurz vor dem Start zur Paris-Dakar 1980. Dietmar Beinhauer wird Projektleiter, es kommen zwei Motorräder zum Einsatz, die wieder von Herbert Schek präpariert werden, die Fahrer sind Fenouil und Hubert Auriol. Trotz der kurzen Vorbereitungszeit reicht es zu einem fünften Platz, und BMW setzt das Engagement fort, weil die Rallye inzwischen auch in Deutschland an Popularität gewinnt und ein Sieg offensichtlich nicht in unerreichbarer Ferne liegt. Für 1981 werden die Maschinen von der Firma HPN präpariert, in der Alfred Halbfeld Teilhaber ist, der in den 70er Jahren Langstreckenrennen auf BMW-Motorrädern mit von ihm selbst konstruierten Fahrwerken bestritten hat.

Die professionelle Vorbereitung trägt Früchte: Hubert Auriol gewinnt die Rallye, Fenouil erkämpft den vierten Platz. Im Jahr darauf fallen die BMW-Fahrer mit technischen Defekten aus, doch 1983, zum 60. Geburtstag des BMW-Boxers, siegt Auriol erneut, und das Geburtstagsgeschenk wird sogar noch gekrönt von BMW-Siegen bei der Pharaonen-Rallye in Ägypten und der Baja California in Mexiko.

1984 wird neben Auriol und Fenouil auch der Moto-Cross-Weltmeister Gaston Rahier in das Werksteam geholt, und um dem nur 1,64 Meter großen Belgier den Umgang mit der hohen Wettbewerbsmaschine zu erleichtern, wird sein Motorrad mit einem elektrischen Anlasser aus-

1984 präsentiert BMW ein Sondermodell der Enduro: die R 80 G/S Paris-Dakar, die die BMW-Siege bei der Wüsten-Rallye in Verkaufserfolge ummünzen soll

Bei der Rallye Paris-Dakar 1984 gelingt dem BMW-Werks-Team mit dem Belgier Gaston Rahier (rechts) und dem Franzosen Hubert Auriol (links) der langersehnte Doppelsieg

gerüstet – an der serienmäßigen G/S inzwischen Standard, an Rallye-Maschinen aber ein üblicherweise als überflüssiger Ballast angesehenes Bauteil. BMW investiert in diesem Jahr rund 700.000 DM in die Rallye, und der immense Einsatz führt endlich zum lange erhofften Doppelsieg: Rahier gewinnt, und Auriol wird zweiter mit nur zwanzig Minuten Rückstand nach drei Wochen Renntempo durch die Sahara und den Sahel.

1985 kann Rahier seinen Erfolg wiederholen, aber diesmal ist die Rallye für BMW von vielen unglücklichen Umständen begleitet: Rahiers Teamgefährten Eddy Hau und Raymond Loizeaux fallen nach schweren Stürzen aus, und auch der Belgier muß hart um seinen Sieg kämpfen und

Auf der IFMA 1984 präsentiert BMW als Ersatz für die im Frühling desselben Jahres eingestellte R 100 die neue R 80, die im Baukastensystem aus Teilen der Modelle R 80 ST, R 100 und K 100 entstanden ist

erreicht Dakar auf einem schwer angeschlagenen Motorrad. Im Jahr darauf kommt der Organisator der Paris-Dakar, Thierry Sabine, bei einem Hubschrauber-Absturz ums Leben, und auch für BMW endet die Rallye im Desaster – die Fahrer des Teams zerstreiten sich untereinander und beklagen mangelhafte Unterstützung durch die Service-Mannschaft. Die Rallye Paris-Dakar lebt trotz Sabines Tod weiter, aber BMW zieht sein Werksteam zurück. So wie es im Straßenrennsport schon seit vielen Jahren gang und gäbe ist, vertreten nun auch bei den Wüsten-Rallyes Privatfahrer die weißblauen Farben. Und das Werk fährt damit lange Zeit nicht schlecht: So wie der Münchener Helmut Dähne mit BMW Boxern auf dem Asphalt Deutsche

Meisterschaften gesammelt und bei der Tourist Trophy auf der Isle of Man für Aufsehen gesorgt hat, so fahren auch im Wüstensand Privatiers wie Herbert Schek und seine Tochter Patrizia Achtungserfolge ein und machen Werbung für die BMW Enduro.

1985 werden neben der R 45 auch die mäßig erfolgreichen Modelle R 65 LS und R 80 ST aus dem Programm genommen, weil mit der K 75 auch in dieser Hubraum-Kategorie ein brandneues Motorrad auf den Markt gebracht wird. Der 750-cm³-Motor dieser neuen Maschine hat drei Zylinder und ist parallel zur K 100 entwickelt worden. In der Planungsphase der K-Motoren haben die Entwicklungsingenieure lange Zeit geschwankt, ob die

750er Version ein Vierzylinder mit reduziertem Hubraum sein soll, oder ob sie den Zylinderinhalt beibehalten und den Vierzylinder um eine Zylindereinheit kürzen sollen. Schließlich haben sie sich für die zweite Lösung entschieden, weil der Motor auf diese Art kürzer und um zehn Kilogramm leichter ausfallen konnte, und weil die doch recht seltene Dreizylinderkonfiguration dem Motorrad mehr Eigenständigkeit verleiht. Das kleinere K-Triebwerk hat eine ähnliche Leistungscharakteristik wie das große, entwickelt maximal 75 PS bei 6.750 Touren und ist mit einer Ausgleichswelle im Kurbelgehäuse versehen, die die bauarttypischen Vibrationen mildert. Der Motor wird der Fachpresse in diesem Jahr gleich in zwei Modellen präsentiert, der K 75 C mit lenkerfester Cockpitverkleidung und der sportlicheren K 75 S mit flachem Lenker und rahmenfester Verkleidung. Da in den ersten Testberichten aber moniert wird, daß die Fahrwerksabstimmung der S-Version dem sportlichen Anspruch nicht genügt, kommt vorerst nur die K 75 C zur Auslieferung, die 12.890 DM kostet und 200 km/h schnell sein soll. Im Frühjahr 1986 kommt dann die K 75 S überarbeitet für 13.990 DM in den Handel. Sie soll wegen der kleineren Stirnfläche noch 10 km/h schneller sein als ihre Schwester.

Inzwischen haben die Marktstrategen bei BMW bemerkt, daß die beiden neuen Modelle für die Hubraumklasse zu teuer geraten sind und den Dreizylindern als einziger Baureihe ein Modell im klassischen Outfit ohne Verkleidung fehlt. Deshalb folgt C und S im Herbst des Jahres eine Basisversion zum Preis von 11.990 DM. Neben dieser K 75 stehen auf der IFMA in Köln zwei weitere weniger aufsehenerregende BMW-Neuheiten: Dem Luxus-Tourer K 100 RT wird die noch üppiger ausgestattete und mit 18.530 DM noch teurere Variante K 100 LT zur Seite gestellt, und der einstige Bestseller unter den Boxern, die R 100 RS, wird reaktiviert. Eigentlich soll der Klassiker nur als Sondermodell in einer limitierten Auflage von 1.000 Stück jene Boxer-Fans versöhnen, die es dem Werk übelgenommen haben, daß die 1.000er, die viele als die „echte" BMW ansehen, aus dem Programm verschwunden ist. Aber obwohl die neue R 100 RS nicht mehr viel mit der aus den 70er Jahren gemein hat – sie hat das Fahrwerk der R 80, und die Motorleistung mußte in Anbetracht der Geräuschemission von 70 auf 60 PS reduziert werden – und obwohl sie mit einem Preis von 16.150 Mark unverhältnismäßig teuer ist, kommt sie vor allem in Japan und den USA so gut an, daß sie schließlich doch bis 1989 im Programm bleibt. Der Erfolg der RS muß als Votum für den großen Boxer gewertet werden. Deshalb läßt BMW 1987 auch die R 100 RT wieder aufleben – nach dem bewährten Rezept mit dem 60-PS-Motor im Fahrwerk der R 80 RT. Während RS und RT als Griff in den Bau-

Die 1985 der Fachpresse präsentierte 75 PS starke K 75 S wird nach kritischen Testberichten fahrwerksseitig überarbeitet und erst 1986 ausgeliefert

1987 erscheint die BMW-Enduro gründlich modellgepflegt in zwei Varianten als R 80 GS mit 50 PS und als R 100 GS mit 60 PS – beide sind mit der neuen Paralever-Schwinge ausgerüstet

kasten gewertet werden dürfen, hat die Entwicklungsabteilung der Enduro in diesem Jahr eine gründliche Modellpflege angedeihen lassen. Dazu gehören die neuen Kreuzspeichenräder, die die Verwendung schlauchloser Reifen ermöglichen, und die Erhöhung der Tankkapazität auf 26 Liter. Zudem weist der Rahmen diverse Verstärkungen auf, beide Federungssysteme sind ersetzt und die Federwege dabei erheblich vergrößert worden. Vorn kommt nun eine Telegabel mit 225 Millimeter Federweg zum Einsatz, hinten übernimmt ein „Paralever" mit 180 Millimeter Federweg die Radführung. Beim Paralever handelt es sich um eine Einarmschwinge mit Doppelgelenk und Momentstütze, die das kardantypische Aufstellmoment beim Be-

schleunigen genauso eliminiert wie die heftigen Lastwechselreaktionen, die bislang als typisch für den BMW-Boxer galten und ihm den Spitznamen „Gummi-Kuh" eingehandelt haben.

Das neue Fahrwerk verbessert die Geländetauglichkeit der Enduro derart, daß BMW im Typkürzel von nun an auf den Strich zwischen G und S verzichtet – mit der Absicht oder auf die Gefahr hin, daß GS als „Geländesport" interpretiert wird. Das neue Fahrwerk wird wahlweise mit dem 50 PS starken 800er Motor oder mit dem 60 PS leistenden 1.000er bestückt. Beide Modelle überschreiten im Kaufpreis allerdings bereits die 10.000-DM-Grenze – die R 80 GS um 950 DM, die R 100 GS um 2.990 DM. Damit es

auch weiterhin eine GS unterhalb dieser magischen Grenze gibt, bietet BMW zum Preis von 9.450 DM eine R 65 GS mit dem Motor der R 65 im alten G/S-Fahrwerk an. Dieses Modell gibt es ausschließlich mit 27 PS Motorleistung, da es als reines Einsteiger-Motorrad gedacht ist. Das Konzept geht allerdings nicht auf, und die R 65 GS verschwindet drei Jahre später wieder von der Bildfläche.

BMW hat 1987 mit den Boxern, den Dreizylindern und den Vierzylindern ein ausgewogenes Programm zu bieten, mit dem die Motorrad GmbH den weltweiten Einbruch des Motorradmarktes während der 80er Jahre weitgehend unbeschadet überstanden hat und das eine gute Basis für den Sprung in die 90er Jahre zu sein verspricht.

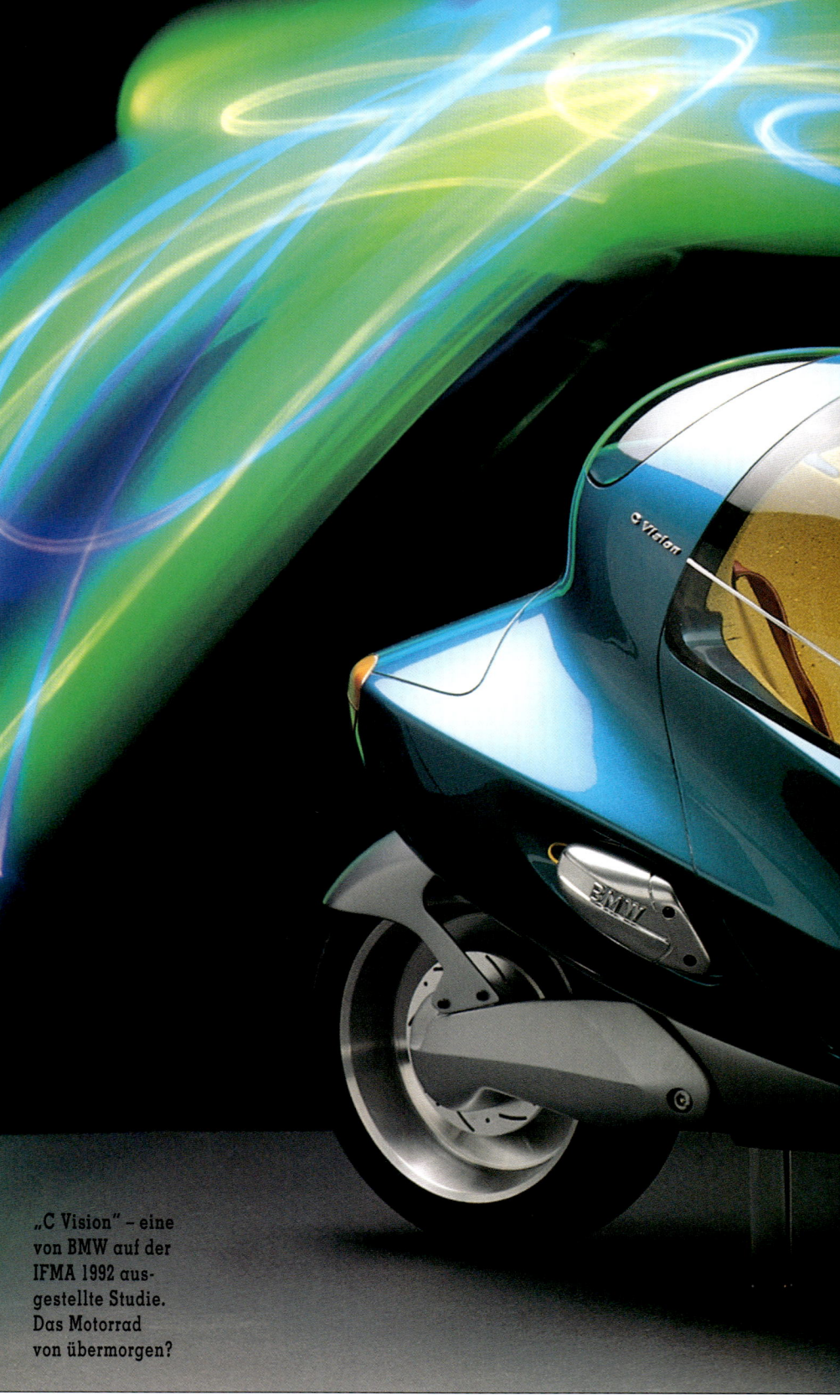

1988
Die Sowjetunion zieht sich nach
mehr als acht Jahren Intervention
aus Afghanistan zurück.
Irak und Iran beenden ihren Krieg.

1989
In Peking werden mehr als
2.000 Demonstranten auf dem
Platz des Himmlischen Friedens
von Militäreinheiten getötet.
Unruhen in der DDR, in Polen,
Rumänien und der Tschechoslowakei, Öffnung der inner-
deutschen Grenze.

1990
Auflösung der DDR,
erste gesamtdeutsche Wahl.
Litauen, Lettland und
Estland erklären ihre Unabhän-
gigkeit von der UdSSR.

1991
Sechswöchiger Krieg zwischen
dem Irak und den alliierten
Truppen von 31 UNO-Staaten.
Auflösung der UdSSR;
elf sowjetische Teilrepubliken
schließen sich zur GUS
zusammen.

1992
Bürgerkrieg in Jugoslawien.
Der deutsche Motorrad-Markt
erreicht mit 150.000 Neu-
zulassungen das beste Ergebnis
seit über 30 Jahren.

1993
Der älteste Motorradhersteller
der Welt, Harley-Davidson,
feiert das 90. Firmenjubiläum, der
am längsten ohne Unter-
brechung existierende
europäische Hersteller, BMW,
den 70. Geburtstag.

„C Vision" – eine
von BMW auf der
IFMA 1992 aus-
gestellte Studie.
Das Motorrad
von übermorgen?

Ende der 80er Jahre steht BMW endlich
einmal auf sehr soliden Füßen. Der
Mutterkonzern, die BMW AG, strotzt vor
Gesundheit, was die BMW Motorrad
GmbH natürlich zu einem relativ unbe-
deutenden Anhängsel macht, ihr aber
auch einen starken Rückhalt gibt. Auch
der Motorradmarkt und die Situation der
GmbH geben Anlaß zu Optimismus: In
ganz Europa erholt sich der Markt von der
vorübergehenden Flaute, die Zulassungs-
zahlen steigen wieder. In der Bundesrepublik hat der Motorradbestand gerade die
Millionen-Grenze überschritten, und rund

PIONIERTATEN

zwölf Prozent der zugelassenen Motorräder tragen das weißblaue Firmenemblem. BMW hat sich aus dem Preiskampf der Japaner Mitte der 80er Jahre heraushalten können und hat nun ein Programm profitabler Modelle. Besonders die neuen GS-Modelle erweisen sich als voller Erfolg: 1987 produziert das Werk bereits 5.000 Einheiten, im Jahr darauf sogar 8.000. Aber ganz sorgenfrei sind die Münchener trotzdem nicht: Erstens ist der Absatz der K-Modelle nach anfänglichen Erfolgen seit 1986 wieder rückläufig, und 1988 verlassen nur wenig mehr als 10.000 Einheiten der gesamten K 75- und K 100-Palette die Montagebänder in Berlin. Die Modelle K 75 C und K 100 RT werden sogar noch im selben Jahr wegen mangelnder Nachfrage aus dem Programm genommen. Zweitens stößt der ja immer noch auf der /5 von 1969 basierende Boxer langsam an die Grenzen, die ihm zukünftige Umweltauflagen ziehen.

Doch es kursieren bereits Gerüchte, daß BMW zwei wichtige Entwicklungen vorantreibt, die beide Probleme lösen könnten: ein sportliches Topmodell für die K-Reihe und einen neuen Boxermotor für die R-Modelle. Tragischerweise wird die Entwicklungsabteilung gerade in dieser Zeit von zwei herben Verlusten getroffen: 1987 stirbt Stefan Pachernegg 43jährig nach einer Herzattacke, und ein Jahr später erliegt Josef Fritzenwenger im Alter von 39 Jahren einer schweren Krankheit. Noch bevor eines der beiden genannten Projekte zur Serienreife gelangt, führt BMW eine Neuerung ein, die schon auf der IFMA von 1986 dem staunenden Publikum präsentiert worden ist, aber erst 1988 in das Programm aufgenommen wird: das Antiblockier-Bremssystem. Für Autos wird das ABS schon lange angeboten, und es hat sich als sehr nützlich erwiesen, weil es die Lenkbarkeit des Fahrzeugs beim Bremsen aufrechterhält und den Bremsweg auf rutschigem Untergrund dramatisch verkürzt. Für Motorräder hat die Entwicklung wegen der ganz anderen fahrdynamischen Abläufe wesentlich länger gedauert, und das Problem der Antiblockierregelung beim Bremsen in Schräglage kann auch das BMW-ABS nicht lösen. Aber immerhin hat BMW das System als erster Motorradhersteller der Welt zur Serienreife gebracht und bietet

Als erster Motorradhersteller der Welt bietet BMW 1988 ein Antiblockiersystem an. Das elektronisch-hydraulisch arbeitende System bietet vor allem bei glatter Fahrbahn unschätzbare Sicherheitsreserven

nun allen Käufern eines Motorrads aus der K 100-Reihe zum Aufpreis von 1.980 DM einen unschätzbaren Vorteil an, denn schließlich führen blockierende Räder bei einem Motorrad in der Regel zum Sturz. Mit dem elektronisch-hydraulischen ABS aber ist der Fahrer nicht nur bei allen erdenklichen Fahrbahnbeschaffenheiten vor solchem Unbill gefeit – sei es auf Sand, Rollsplit oder einer Ölspur –, er kann auch generell viel beherzter Gebrauch von den Bremsen seines Motorrades machen – ein immenser Fortschritt in puncto aktiver Sicherheit. Es scheint, als hätten zumindest die BMW-Fahrer auf diesen Fortschritt ge-

radezu gewartet, denn 1988 werden bereits 60 Prozent aller K 100 mit ABS geordert. Noch im Herbst desselben Jahres ist eine der beiden erwarteten BMW-Neuheiten dann auf der IFMA in Köln zu bewundern: die K 1, das neue Topmodell der K-Baureihe. Das Erscheinungsbild dieser Maschine, die vom Vorderrad bis zum Heck fast gänzlich von Karosserieteilen verhüllt wird, ist so ungewöhnlich und untypisch für die bislang meist eher konservativen BMW-Designs, daß die K 1 bereits auf der Messe heftige Diskussionen auslöst, die Motorradfahrer in zwei Lager spaltet, und die bemerkenswerten tech-

nischen Neuerungen dieser neuen BMW fast in den Hintergrund treten. Die Entwicklung der K 1 hat bereits 1983 begonnen, als die K 100 Serienreife erlangte. Angesichts der immer sportlicher werdenden japanischen Motorräder hat sich die Entwicklungsabteilung damals zum Ziel gesetzt, eine Supersport-BMW auf die Räder zu stellen, also ein stärkeres, schnelleres und auffälligeres Motorrad als die gemäßigte K 100 RS.
Die Motorleistung des Vierzylinders anzuheben fällt den Technikern nicht schwer, schließlich hat BMW inzwischen aus dem Autobereich und der Formel 1

reichlich Erfahrung mit der Vierventil-technik. Vier Ventile pro Zylinder sind bei japanischen Sportmaschinen schon fast Standard, die K 1 aber soll das erste BMW-Motorrad mit dieser Technik sein. Die an-fänglich noch recht konventionelle Ver-kleidung des K 100 VV genannten Proto-typen erhält im hauseigenen Windkanal gründlichen Feinschliff. Schließlich sind sogar Vorderrad und Seiten des Motor-rades verkleidet. Am 22. Juni 1986 gibt der Vorstand der BMW AG grünes Licht für das Projekt, und die Entwicklungsabtei-lung hat alle Hände voll zu tun, um bis zur IFMA 1988 ein paar serienreife Exempla-re auf die Räder zu stellen.

Die Motorleistung der K 1 wird mit 100 PS bei 8.000 Umdrehungen pro Minute an-gegeben und erreicht damit genau die Grenze, die sich die Motorrad-Importeure und -Hersteller in Deutschland vor Jahren freiwillig auferlegt haben, um einer ge-setzlichen Leistungsbegrenzung auf einem möglicherweise niedrigeren Niveau vor-zubeugen. Erreicht wird die magische Zahl nicht allein durch den 16-Ventil-Zylinderkopf, sondern auch durch eine Weiterentwicklung des elektronischen Motormanagements: Die K 1 hat nun einen gemeinsamen Rechner für Zündung und Benzineinspritzung und kommt ohne den mechanischen Luftmengenmesser der K 100 aus. Mit seinen 100 PS liegt das BMW-Topmodell also mit den fernöst-lichen Supersportlern gleichauf – zumin-dest mit den offiziellen Deutschland-Aus-führungen –, in puncto Höchstgeschwin-digkeit soll es sie dank der ungewöhnlichen Verkleidung und einer längeren Übersetzung sogar übertreffen: Mehr als 230 km/h verspricht das Werk.

Erst im Sommer 1989 werden die ersten Testmaschinen an die Fachpresse gege-ben, und deren Messungen bestätigen die Werksangaben. Die Journalisten loben an der K 1 vor allem das richtungsstabile und unproblematische Fahrwerk, dessen wich-tigste Neuerung die Paralever-Hinterrad-federung ist. Diese schon von den jüngsten GS-Modellen bekannte Doppelgelenk-Schwinge mildert wirkungsvoll die kardantypischen Lastwechselreaktionen des Motorrades und verlängert außerdem den Radstand um fünf Zentimeter, was wiederum der Stabilität zugute kommt. Neu an der K 1 sind auch die Dreispei-chen-Gußräder, die gleich mit zwei BMW-Traditionen brechen und sich an die Gepflogenheiten der Japaner anleh-nen: Erstmals ist an einer BMW das Vor-derrad kleiner als das Hinterrad, und erst-

mals steht eine BMW auf echten Breitrei-fen – vorn ist die Dimension 120/70-17, hinten 160/60-18. Mit einem Preis von 20.200 DM durchbricht die K 1 auch als erste BMW die 20.000-DM-Schallgrenze. Trotzdem sind die bis Ende 1989 produ-zierten 4.000 Einheiten schnell ausver-kauft.

Mittelfristig jedoch können die Verkäufe nicht zufriedenstellen. So ungewöhnlich die K 1 auch ist, ihr fehlt es an einem Pen-dant im Motorsport, wie es jahrelang die GS-Modelle hatten, und die explosions-artig fortschreitende Entwicklung bei den Supersport-Motorrädern hat die K 1 schon

überholt, kaum daß sie auf dem Markt ist. Zudem ist der typische K 100-Kunde wohl eher der Liebhaber des Luxus-Tourers LT oder des klassischen Sportlers RS, weshalb letzterer auch schon ein Jahr später die Technik der K 1 erhält – man kann auch sagen: Die K 1 kommt nun auch im Outfit der K 100 RS daher. Die Liebhaber des tra-ditionellen, unverkleideten Motorrades – das hat die Erfahrung der letzten Jahre

Der erstmals in der K 1 zur Anwendung gekommene Vier-zylindermotor mit 16 Ventilen und dem Motor-management der zweiten Generation bietet die Voraus-setzungen für eine geregelte Abgasentgiftung

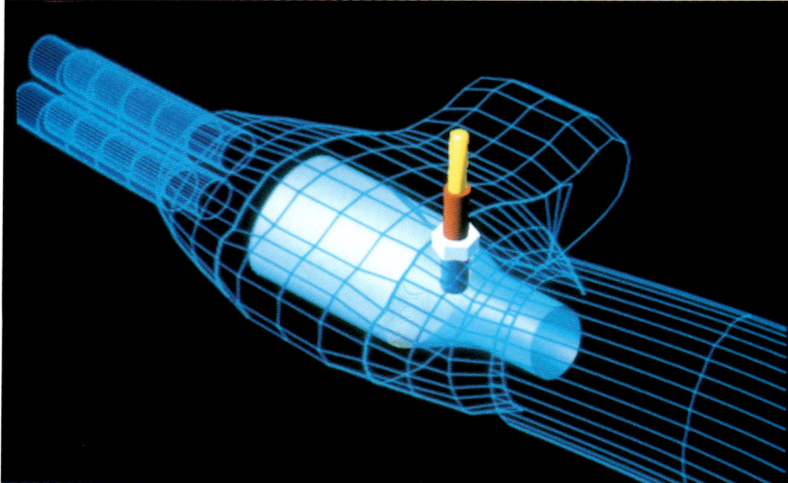

1990 hat der über eine Lambdasonde im Auspufftrakt (Bild) geregelte Abgaskatalysator Serienreife erlangt. BMW ist damit der erste Motorradhersteller der Welt, der einen Dreiwege-Kat anbieten kann

Der von BMW verwendete Katalysator – im Bild ein zu Demonstrations-zwecken auf-geschnittenes Exemplar – ist aus Edelstahl gefertigt und damit vibrationsfest und dauerhaltbar

Von 1990 an wird
auch die K 100 RS
mit der Technik
der K 1, also mit
16-Ventil-Motor,
mit 100 PS und
auf Wunsch mit
geregeltem Kat
ausgeliefert

ebenfalls gezeigt – tendieren eher zum preiswerteren Boxer als zum Vierzylinder. Die Produktion der Basis-K 100 wird deshalb nach einigen Design-Retuschen 1989 eingestellt. In der erfolgreichen GS-Baureihe gibt es im selben Jahr dagegen Nachwuchs in Form einer „Paris-Dakar"-Version der R 100 GS mit monströsem 35-Liter-Tank und rahmenfester Cockpitverkleidung. Ein Jahr später feiert die Baureihe ihren zehnten Geburtstag: R 80 GS und R 100 GS bekommen zur Feier des Jahres die Verkleidung der Paris-Dakar-Version spendiert. Ab 1990 sind darüber hinaus auch alle K 75-Modelle mit ABS lieferbar. Wer auf dem BMW-Stand der

IFMA im Herbst 1990 sensationelle Neuheiten wie einen neuen Boxermotor erwartet hat, wird enttäuscht: Neben einer RT-Version der K 75 ist dort nur eine in limitierter Auflage vorgesehene, besonders üppig ausgestattete „Limited Edition" der K 100 LT zu sehen. Dafür aber eröffnet BMW auf dieser Ausstellung die bereits auf der IFMA 1988 angekündigte „Umweltoffensive". Um dem gestiegenen Umweltbewußtsein der Motorradfahrer Rechnung zu tragen, werden für alle Baureihen mehr oder minder wirksame Systeme zur Schadstoffreduzierung angeboten – für die Boxermodelle das schon seit vielen Jahren in einigen Exportmodellen bewährte

„Sekundär-Luft-System" SLS, das nach dem Prinzip der Abgasnachverbrennung funktioniert, und für die Reihenmotoren spezielle Edelstahl-Katalysatoren. Bei den Vierventilmotoren ist dank der digitalen Motorelektronik sogar eine per Lambda-Sonde geregelte Schadstoffreduzierung möglich und vorgesehen. Die Zweiventilmotoren der K-Reihe können nur mit einem Zwei-Wege-Kat versehen werden, der auch zum Nachrüsten angeboten werden soll – bei inzwischen 100.000 produzierten K-Modellen eine sehr wichtige Entscheidung. Das Werk entschließt sich zu dieser „Umweltoffensive", obwohl alle BMW-Modelle weltweit die gültigen Abgasvorschriften erfüllen und es für Motorradfahrer keinen steuerlichen Anreiz zur Abgasentgiftung gibt. BMW übernimmt damit nach der Einführung des ABS zum zweiten Mal eine Pionier-Rolle unter den Motorradherstellern.

Für das SLS müssen Boxer-Käufer künftig 160 DM Aufpreis zahlen, der ungeregelte Katalysator kostet 450 DM, der geregelte Kat 850 DM Aufpreis. Mit der für 1991 verkündeten Preiserhöhung hat BMW übrigens kein Motorrad mehr unter 10.000 DM anzubieten, und bereits vier Modelle kosten mehr als 20.000 DM. Der Motorradmarkt, der sich von der Schwäche in den 80er Jahren nun endgültig erholt hat, entwickelt sich weltweit sehr unterschiedlich: Der dramatisch zusammengebrochene US-Markt krankt noch immer, was aber für BMW wenigstens durch den wiedererstarkten Dollar etwas gemildert wird; in Europa zeigen einige Märkte ein kräftiges Wachstum – allen voran der deutsche, wo selbst hochpreisige Motorräder eine neue Blüte erfahren und BMW seine Marktposition ausbauen kann. Ende 1991 erweitert die Motorrad GmbH die Produktpalette deshalb um je ein Modell am unteren und oberen Ende der Preisskala. Obwohl schon offen über den neuen Boxer gesprochen wird, der nun konkret für 1993 angekündigt ist, bekommt die „alte" Boxer-Reihe noch Nachwuchs in Form der R 100 R. BMW zieht damit Konsequenzen aus der Erfahrung der japanischen Hersteller, die mit dem wiederentdeckten unverkleideten Basis-Motorrad unerwartete Markterfolge verbucht haben – allen voran Kawasaki mit den preiswerten Zephyr-Modellen. Die R 100 R – das zweite R steht für „Roadster" – basiert auf der Enduro R 100 GS und hat alle Attribute der klassischen BMW von den Drahtspeichenrädern bis zu den runden Zylinderkopfdeckeln der /5-Modelle. Um das Motorrad zu einem konkurrenzfähigen Preis anbieten zu können, bricht BMW mit der Tradition, bei der Fertigung ausschließlich auf europäische, möglichst sogar deutsche Zulieferer zurückzugreifen. Die R 100 R hat beispielsweise japanische Showa-Federelemente; ihr Preis in Höhe von 13.450 DM liegt nur 500 DM über dem aktuellen Preis der zehn PS schwächeren R 80, die – wie alle anderen Boxer-Modelle auch – fortan mit einer Marzocchi-Telegabel ausgeliefert wird.

Das andere neue Modell heißt K 1100 LT – zum ersten Mal gibt es eine BMW mit mehr als einem Liter Hubraum. Ihr Vierventilmotor ist das auf 1063 cm³ aufgebohrte K 1-Triebwerk, dessen Höchstleistung trotz der Hubraumerweiterung bei 100 PS belassen wurde – dafür schlägt der 1.100er den 1.000er in puncto Durchzugskraft im mittleren Drehzahlbereich um Längen. Auch das Fahrwerk samt Paralever stammt von K 1 und K 100 RS, nur Räder und Reifen fallen etwas schmaler aus als bei den Sportlern. Selbst die Verkleidung des Tourers wurde modifiziert und ist nun unter anderem mit einer in Höhe und Neigung elektrisch verstellbaren Windschutzscheibe ausgerüstet. Die derart fast völlig renovierte LT kostet nun 22.580 DM, und wird von der inzwischen 25.950 DM teuren K 1 nur deshalb so deutlich im Preis übertroffen, weil der vollverschalte Sportler ab sofort ausschließlich mit ABS und geregeltem Katalysator ausgeliefert wird. Um Motorrad-Einsteigern, die in Deutschland seit geraumer Zeit in den ersten beiden Jahren ihrer Praxis ausschließlich Motorräder mit maximal 27 PS fahren dürfen, den Direkteinstieg in das BMW-Programm nicht

1989 wird die erfolgreiche GS-Baureihe um die R 100 GS „Paris-Dakar" mit 35-Liter-Tank und rahmenfester Verkleidung erweitert

1991 startet BMW den zweiten, diesmal erfolgreichen Versuch, den Kunden ein reines Straßenmotorrad auf Basis der GS schmackhaft zu machen: Die R 100 R wird ein Bestseller

Ebenfalls 1991 kommt die K 1100 LT als Ablösung für die K 100 LT mit dem auf 1063 cm³ aufgebohrten K 1-Triebwerk und mit Paralever-Schwinge auf den Markt

1992 wird auch die RS mit dem drehmomentstarken Motor der LT und einer neuen Verkleidung ausgerüstet und wirbt als K 1100 RS um die Käufergunst

ganz zu verwehren, werden alle 800er Boxer künftig auch in einer 27-PS-Version angeboten.

Beide neuen BMW-Motorräder, R 100 R und K 1100 LT, stoßen bei Fachpresse und Kunden auf ein positives Echo, und vor allem die Verkaufszahlen der Roadster übertreffen 1992 alle Erwartungen. Der Motorradmarkt in Deutschland boomt und steuert mit einer Wachstumsrate von über 20 Prozent einer neuen Rekordmarke entgegen: 150.000 Neuzulassungen im IFMA-Jahr, so viele Motorräder wurden in Deutschland seit fast 40 Jahren nicht mehr verkauft. Für BMW wird 1992 das beste Jahr der nunmehr fast 70-jährigen Zwei-

radgeschichte des Unternehmens: 14.000 neue BMW-Motorräder werden in Deutschland, 35.000 weltweit zugelassen. Der Weltmarktanteil der Maschinen mit dem weißblauen Emblem auf dem Tank ist in den letzten zehn Jahren von 1,8 Prozent auf 4,1 Prozent gestiegen.

Der Erfolg der beiden Neuheiten des vergangenen Jahres veranlaßt BMW zu einem Nachschlag: Der Roadster wird unter der Typbezeichnung R 80 R fortan auch mit dem 800er Boxermotor angeboten und ersetzt die zuletzt nur noch auf Bestellung produzierte R 80; die R 80 R unterscheidet sich von der 60 PS starken R 100 R lediglich durch den fehlenden Ölkühler sowie

einen um 700 DM niedrigeren Preis und wird wahlweise mit 50 oder 27 PS angeboten. Die K 100 RS bekommt nun auch den 1.100er Motor wie die LT sowie eine neue, bis zu den Fußrasten heruntergezogene Verkleidung, kostet deshalb 600 DM mehr und heißt K 1100 RS. Beide Motorräder kann das interessierte Publikum im Herbst auf der IFMA bewundern, aber das Motorrad, auf das alle seit Jahren gespannt warten, ist in Köln immer noch nicht zu sehen: das neue Boxer-Modell. Die Verantwortlichen auf dem BMW-Stand vertrösten alle, die nachfragen, auf das kommende Frühjahr, können aber wenigstens schon einmal das Herzstück der kommenden Generation in natura vorzeigen: den neuen Boxermotor. Von allen hohen Erwartungen, die während des jahrelangen Wartens auf die Ablösung des nun schon seit fast einem Vierteljahrhundert konzeptionell unveränderten Boxers geknüpft worden sind, werden mindestens zwei enttäuscht: Der neue Motor hat keine obenliegenden Nockenwellen, und er ist nicht flüssigkeitsgekühlt. Entwicklungs-Chef Dr. Burkhard Göschel gibt den verwunderten Journalisten höchstpersönlich die Begründung dafür: Ein ohc-Boxer wäre zu breit und würde die Bodenfreiheit bei Schräglage zu stark einschränken, die Flüssigkeitskühlung wäre zu teuer, zu schwer und überdies auch nicht nötig, um zukünftige Geräuschbestimmungen zu erfüllen. Ansonsten aber ist an dem Motor mit dem Code R 259 so ziemlich alles anders als an seinem Vorgänger: Er hat 1.100 cm³ Hubraum anstatt 1.000 cm³, zwei Nockenwellen anstatt eine, vier anstatt zwei Ventile je Zylinder, er wird von einer elektronischen Benzineinspritzung anstatt von Vergasern gefüttert, und das Tunnelgehäuse wich einem vertikal geteilten

Motorgehäuse. Die beiden über Ketten angetriebenen Nockenwellen sind im Zylinderkopf neben den Ventilen untergebracht, von wo aus sie über Tassenstößel, kurze Stoßstangen und Kipphebel die Ventile betätigen – es handelt sich also weder um eine ohc- noch eine ohv-Konfiguration, sondern um einen hc-Ventiltrieb. Ein recht aufwendiger Motor also, und die versprochenen 90 PS bei 7250 Umdrehungen lassen erahnen, warum der Aufwand getrieben worden ist.

Im Februar 1993 – also rechtzeitig zum 70. Geburtstag des Boxers – präsentiert BMW der Fachpresse das komplette Motorrad, die R 1100 RS. Sie ist das erste Modell einer ganzen Baureihe, die zukünftig neben diesem Sportler im Stil der R 100 RS und K 1100 RS auch eine Enduro, ein unverkleidetes Straßen-Motorrad und einen verkleideten Tourer umfassen soll. Die Überraschung ist groß, denn das Fahrwerkskonzept der R 1100 RS ist viel revolutionärer als der Motor, der tragende

Die auf der IFMA 1992 gezeigte BMW-Studie C 1 ist als erstes Zweirad mit einem Sicherheitsgurt ausgestattet

Funktion für das gesamte Fahrzeug übernimmt und an den lediglich zwei Hilfsrahmen angeschraubt sind. Der hintere Rahmen trägt die Passagiere und stützt das Zentralfederbein der Paralever-Einarmschwinge ab, der vordere Rahmen bildet den Lenkkopf für das sogenannte Telelever. Das Paralever entspricht in seiner Funktion der schon aus zahlreichen BMW-Modellen bekannten Doppelgelenkschwinge mit Momentstütze. Das Telelever dagegen ist ein ganz neues Konzept der Vorderradführung und -federung – eine Mischung aus Teleskop-

74

gabel und geschobener Schwinge mit Zentralfederbein. Räder und Bremsen der R 1100 RS stammen von der K 1, und BMW nutzt die Einführung des neuen Motorrades zur Präsentation der zweiten, wesentlich verbesserten ABS-Generation. Da der neue Boxer von einem ähnlichen digitalen Motormanagement gesteuert wird wie der Vierzylindermotor, ist er mit einem geregelten Dreiwege-Katalysator ausrüstbar. Die Testberichte der Fachpresse spiegeln eine positive Reaktion auf die neue BMW-Generation wider, kritisieren aber auch Gewicht und Preis der R 1100 RS. Einschließlich 23 Liter Benzin wiegt der neue Boxer 239 Kilogramm, und

er kostet in der Grundausstattung 19.250 DM – das sind nur 29 Kilo und 2.700 DM weniger, als für die K 1100 RS mit ihrem flüssigkeitsgekühlten Vierzylindermotor zu Buche schlagen. Über Erfolg oder Mißerfolg der R 1100 läßt sich sicher erst in einigen Jahren in der Rückschau eine Aussage treffen – genauso wie über das neue Einzylindermodell, das BMW als Einsteiger-Motorrad gemeinsam mit Aprilia entwickelt hat. Fest steht, daß BMW die 90er Jahre mit mehr Rückhalt und Selbstvertrauen angegangen ist als jedes der sieben Jahrzehnte vorher. Daß die Münchener sich auch schon Gedanken über das motorisierte Zweirad des nächsten

Jahrtausends machen, hat bereits die IFMA 1992 in Köln bewiesen: Dort waren auf dem BMW-Stand zwei Studien namens „C 1" und „C Vision" zu bewundern, die dem Publikum einen tiefen Einblick in die langfristigen Pläne der Entwicklungsabteilung gewährten. Daß aber die Bayerischen Motoren Werke nicht nur am motorisierten Zweirad, sondern genauso am Zweizylinder-Boxer-Prinzip festhalten werden, bestätigt die futuristisch anmutende „C Vision" ebenfalls – aus ihrer Karosserie ragen ganz unverkennbar die beiden Zylinderkopfdeckel eines BMW-Boxers. Vielleicht feiert die BMW C Vision zum 80. Geburtstag des Boxers Premiere.

DIE MOTOR-BAUARTEN

ohv-Single:
Einzylinder mit
untenliegender
Nockenwelle und
im Zylinderkopf
hängenden
Ventilen. Gebaut
von 1939 bis 1966

sv-Boxer:
Zweizylinder mit
untenliegender
Nockenwelle und
seitlich neben den
Zylindern stehen-
den Ventilen.
1923 bis 1942

ohv-Boxer:
Zweizylinder mit
untenliegender
Nockenwelle und
in den Zylinder-
köpfen hängenden
Ventilen. Seit 1925
bis heute gebaut

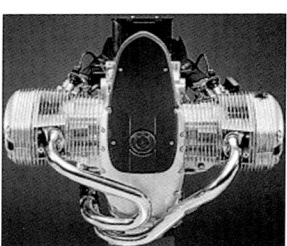

hc-Boxer:
Zweizylinder mit
seitlich in den
Zylinderköpfen
liegenden Nocken-
wellen und in den
Köpfen hängenden
Ventilen. Seit 1993

dohc-Dreizylinder:
Reihenmotor mit
zwei obenliegen-
den Nockenwellen
und im Zylinder-
kopf hängenden
Ventilen. Sechs
Ventile. Seit 1985

dohc-Vierzylinder:
Reihenmotor mit
zwei obenliegen-
den Nockenwellen
und acht oder 16
im Zylinderkopf
hängenden
Ventilen. Seit 1983

Die Techniker unterteilen die Viertakt-Motoren – und nur solche hat es in der BMW-Geschichte gegeben – nach der Art ihrer Ventilsteuerung grundsätzlich in sechs verschiedene Bauarten: in sv-, ohv, ioe-, hc-, ohc- und dohc-Motoren.

„sv" bedeutet „side valves", in der deutschen Übersetzung „seitliche Ventile". Bei diesem auch als seitengesteuert bezeichneten Motor stehen die Ventile seitlich neben dem Zylinder und werden von einer unterhalb des Zylinders im Kurbelgehäuse angeordneten Nockenwelle – man spricht von einer untenliegenden Nockenwelle – über Stößel betätigt.

„ohv" bedeutet „over head valves", zu deutsch „Ventile über dem Kopf". Bei diesem auch als obengesteuert oder kopfgesteuert bezeichneten Motor hängen die Ventile oberhalb des Verbrennungsraumes im Zylinderkopf und werden von einer untenliegenden Nockenwelle über Stößel und lange Stoßstangen betätigt.

„ioe" bedeutet „inlet over exhaust", wörtlich übersetzt „Einlaß über Auslaß". Diese auch als Wechselsteuerung bezeichnete Mischform von „sv" und „ohv" wurde von BMW nie verwendet.

„hc" bedeutet „high camshaft", also „hohe Nockenwelle". In diesem Fall liegt die Nockenwelle des Motors seitlich im Zylinderkopf und betätigt die im Kopf hängenden Ventile über Stößel und kurze Stoßstangen.

„ohc" bedeutet „over head camshaft", also „Nockenwelle über dem Kopf". Bei einem solchen Motor ist die Nockenwelle oberhalb des Verbrennungsraumes im Zylinderkopf untergebracht und betätigt von dort die im Kopf hängenden Ventile direkt, über Stößel oder über Kipp- oder Schlepphebel.

„dohc" bedeutet „double over head camshaft", ist also eine Sonderform von „ohc" mit jeweils einer separaten Nockenwelle für die Einlaß- und die Auslaßventile.

„Oben" und „unten", „hängend" und „stehend" sind generell bei Motoren mit liegenden Zylindern und speziell bei Boxermotoren Begriffe, die nichts mit der Senkrechten zu tun haben, sondern sich am Aufbau des Motors orientieren: „Oben" ist immer dort, wo sich der Verbrennungsraum befindet, „unten" ist immer das Kurbelgehäuse; entsprechende Bedeutung kommt den Worten „hängend" und „stehend" zu. Bei den BMW-Reihenmotoren mit ihren liegenden Zylindern muß man sich deshalb zum Verständnis dieser Begriffe den Motor um 90 Grad um die Längsachse gekippt vorstellen, beim

Boxer muß man gar jeden der beiden Zylinder für sich betrachten, um die Bauart zu erkennen.

Mit sv-Motoren sind die BMW-Boxermodelle R 32, R 42, R 52, R 62, R 11, R 12, R 6, R 61 und R 71 ausgerüstet, die ab der R 42 an den großflächigen Zylinderkopfdeckeln zu erkennen sind. Alle Einzylinder sowie die übrigen Boxer zählen zu den ohv-Motoren und sind an den kleineren ovalen oder kantigen Ventildeckeln auszumachen – einzige Ausnahme: die R 1100 RS hat einen hc-Boxermotor. Die Drei- und Vierzylinder der K-Baureihen dagegen sind ausnahmslos dohc-Reihenmotoren.

Die meisten BMW-Motoren kommen mit je einem Einlaß- und Auslaßventil pro Zylinder aus; Motoren mit vier Ventilen pro Zylinder gibt es erst in jüngerer Vergangenheit – es sind dies die Vierzylinder der K 1, der K 100 RS ab Baujahr 1990, der K 1100 RS und der K 1100 LT sowie der Boxer der R 1100 RS.

Die meisten BMW-Boxer haben nur eine Nockenwelle für beide Zylinder, die über Zahnräder von der Kurbelwelle angetrieben wird; Ausnahmen stellen die Modelle R 5, R 51, R 51/2 und – bauartbedingt – die R 1100 RS dar, die alle mit zwei kettengetriebenen Nockenwellen ausgestattet sind.

Ein weiteres konstruktives Unterscheidungsmerkmal der verschiedenen Boxer-Generationen stellt die Art des Kurbelgehäuses dar: Bis 1936 waren alle Motorgehäuse horizontal geteilt, mit der R 5 wurde das ungeteilte Tunnelgehäuse eingeführt, und das Gehäuse der R 1100 RS schließlich ist vertikal geteilt.

Wer jetzt den Überblick verloren hat, der muß nicht verzweifeln: Die nebenstehende illustrierte Kurzcharakteristik der sechs verschiedenen BMW-Motorbauarten ist in Verbindung mit dem BMW-Stammbaum auf den folgenden Seiten geeignet, wieder Klarheit zu schaffen und den geneigten Leser innerhalb kürzester Zeit zum BMW-Spezialisten auszubilden.

BMW-STAMMBAUM 1923-1944

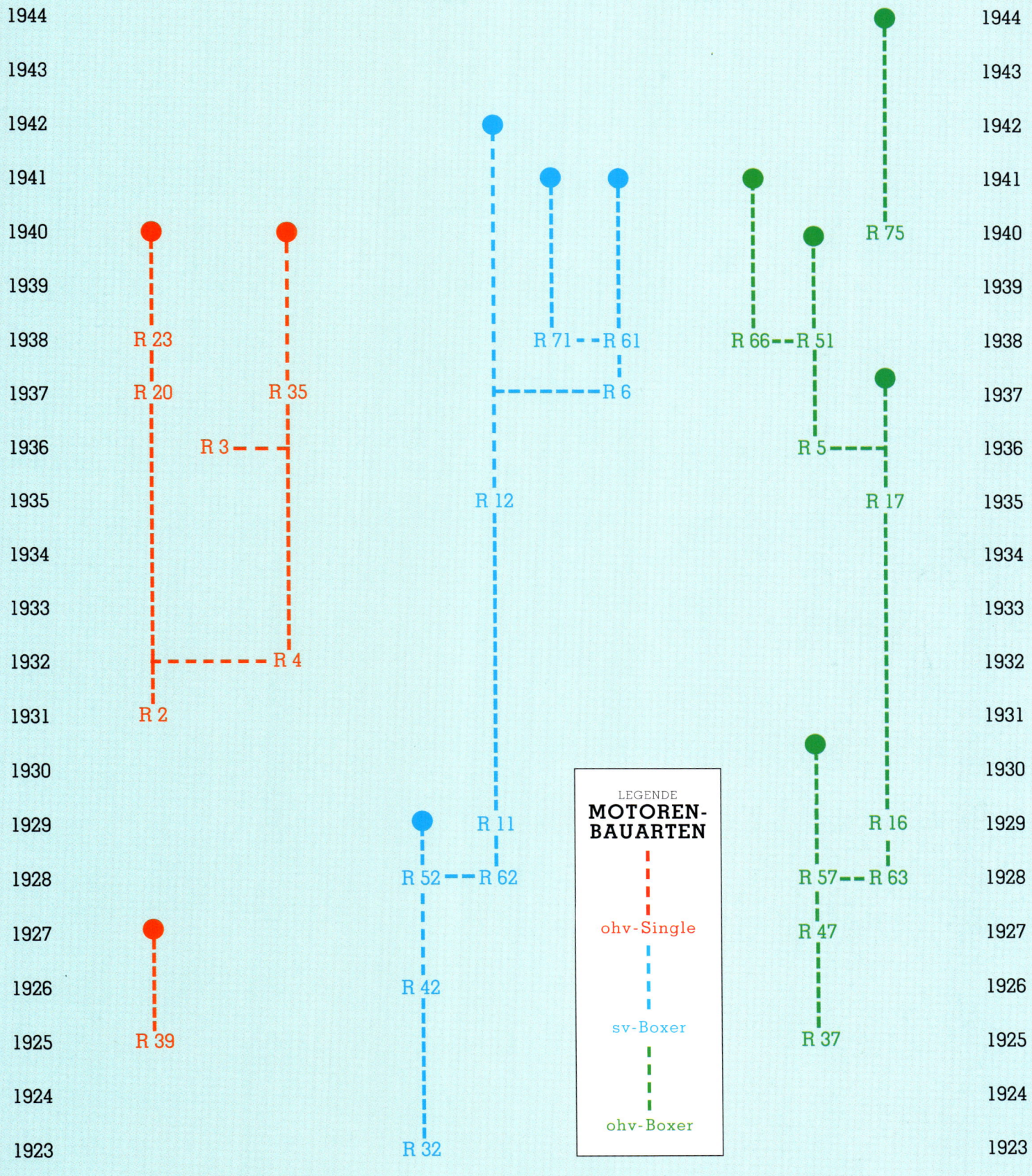

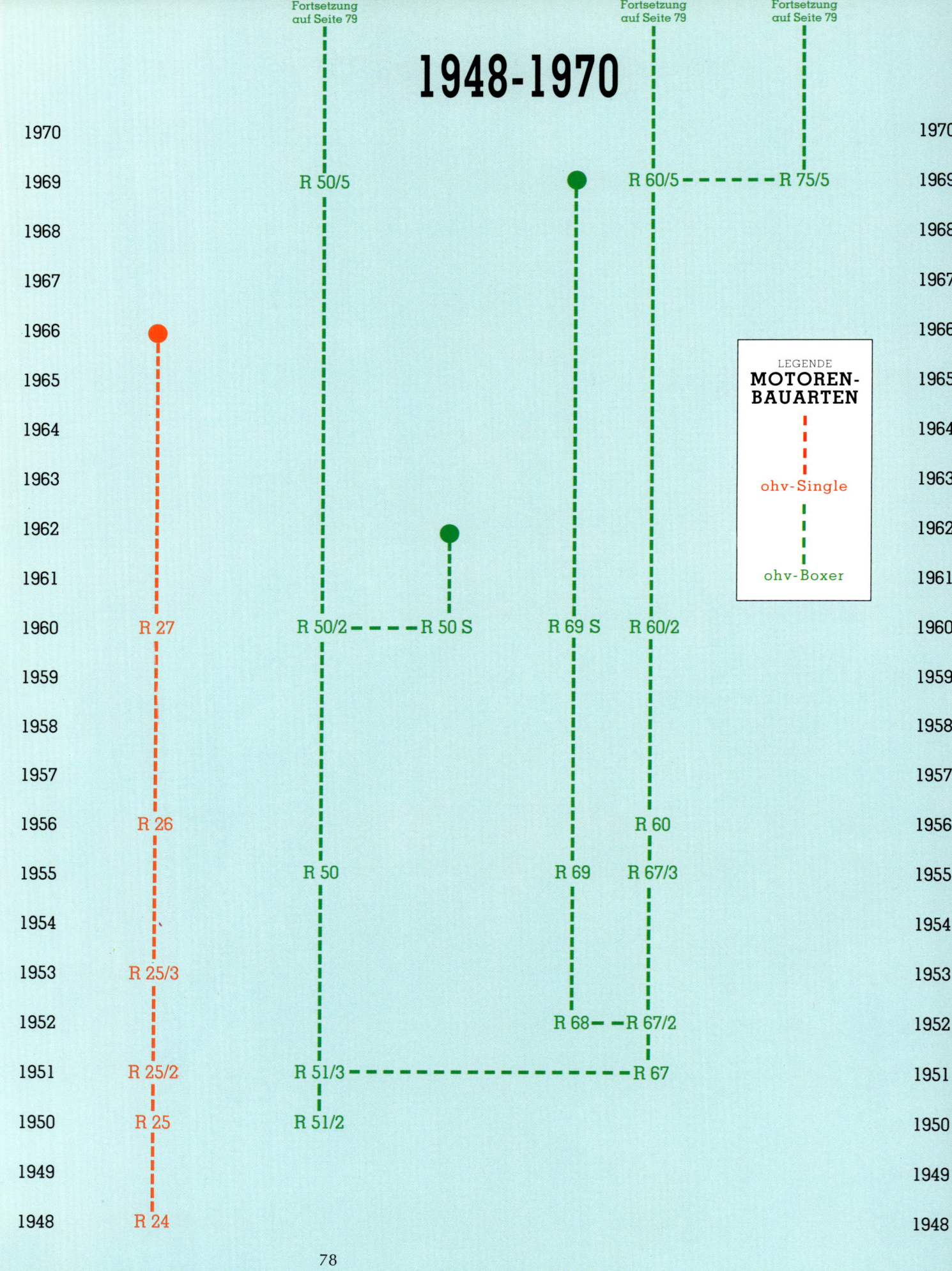

1948-1970

Fortsetzung auf Seite 79

Fortsetzung auf Seite 79

Fortsetzung auf Seite 79

Jahr						Jahr
1970						1970
1969		R 50/5		R 60/5 - - - R 75/5		1969
1968						1968
1967						1967
1966						1966
1965						1965
1964						1964
1963						1963
1962						1962
1961						1961
1960	R 27	R 50/2 - - - R 50 S	R 69 S	R 60/2		1960
1959						1959
1958						1958
1957						1957
1956	R 26			R 60		1956
1955		R 50	R 69	R 67/3		1955
1954						1954
1953	R 25/3					1953
1952			R 68 - - R 67/2			1952
1951	R 25/2	R 51/3 - - - - - - R 67				1951
1950	R 25	R 51/2				1950
1949						1949
1948	R 24					1948

LEGENDE

MOTOREN-BAUARTEN

- - - ohv-Single

- - - ohv-Boxer

1971-1993

Aktuelles Programm

1993	
1992	
1991	
1990	
1989	
1988	
1987	
1986	
1985	
1984	
1983	
1982	
1981	
1980	
1979	
1978	
1977	
1976	
1975	
1974	
1973	
1972	
1971	

R 65

R 80 R   R 80 RT

R 80 GS

R 100 R

R 100 GS

R 100 RT

R 100 G/S
Paris-D.

R 1100 RS

R 1100 RS

R 80 R

R 100 R

R 100 G/S
Paris-D.

R 65 GS

R 80 GS — R 100 GS

R 100 RT

R 100 RS

R 80

R 80 G/S
Paris-D.

R 80 ST — R 80 RT

R 65 LS

R 80 G/S

R 100   R 100 CS

R 45   R 65

R 100 T

R 100 RT

R 80/7

R 60/7

R 75/7

R 100/7   R 100 S — R 100 RS

R 60/6

R 75/6 — R 90/6 — R 90 S

R 50/5   R 60/5

R 75/5

LEGENDE
**MOTOREN-
BAUARTEN**

ohv-Boxer

hc-Boxer

Fortsetzung
von Seite 78

Fortsetzung
von Seite 78

Fortsetzung
von Seite 78

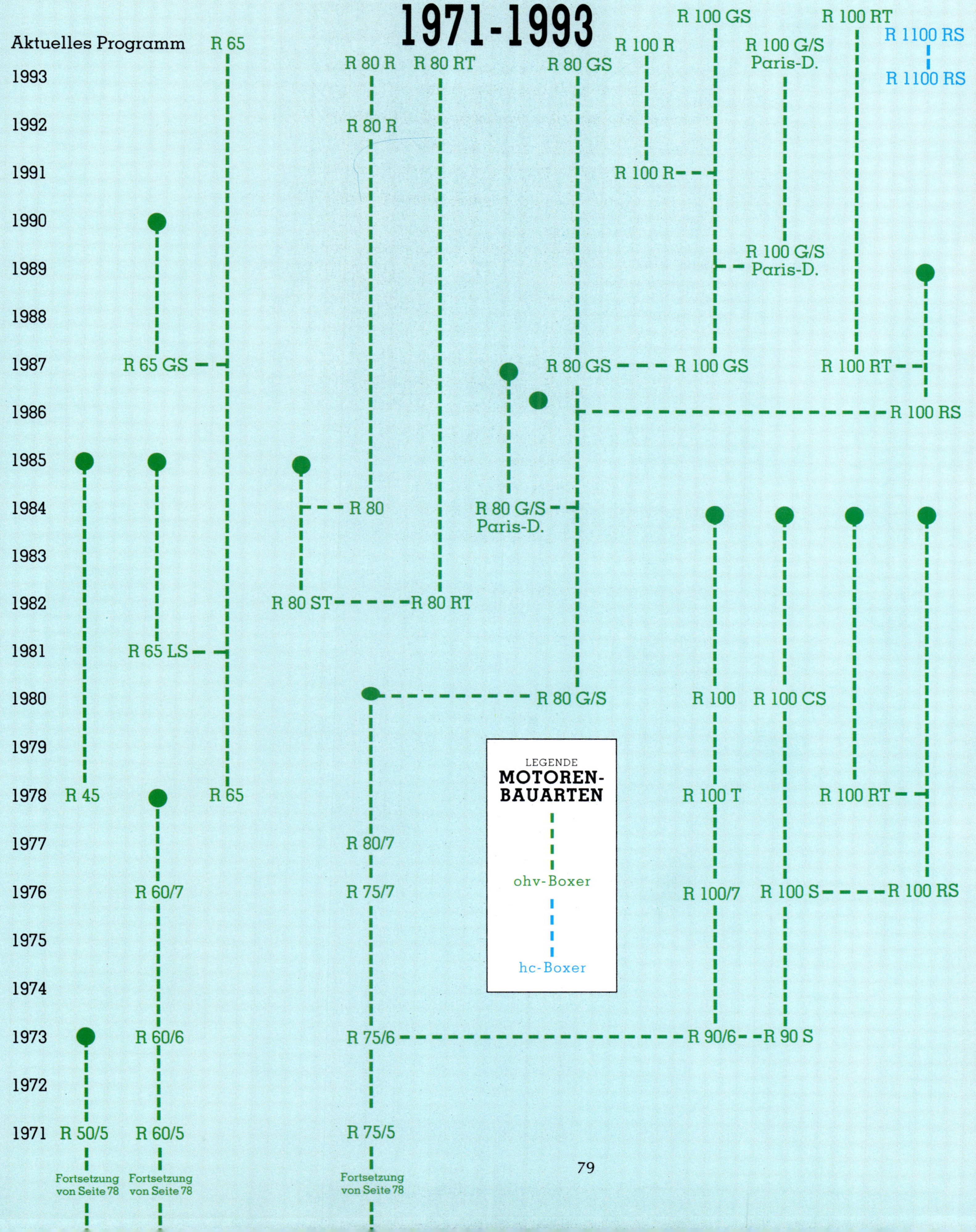

1983-1993

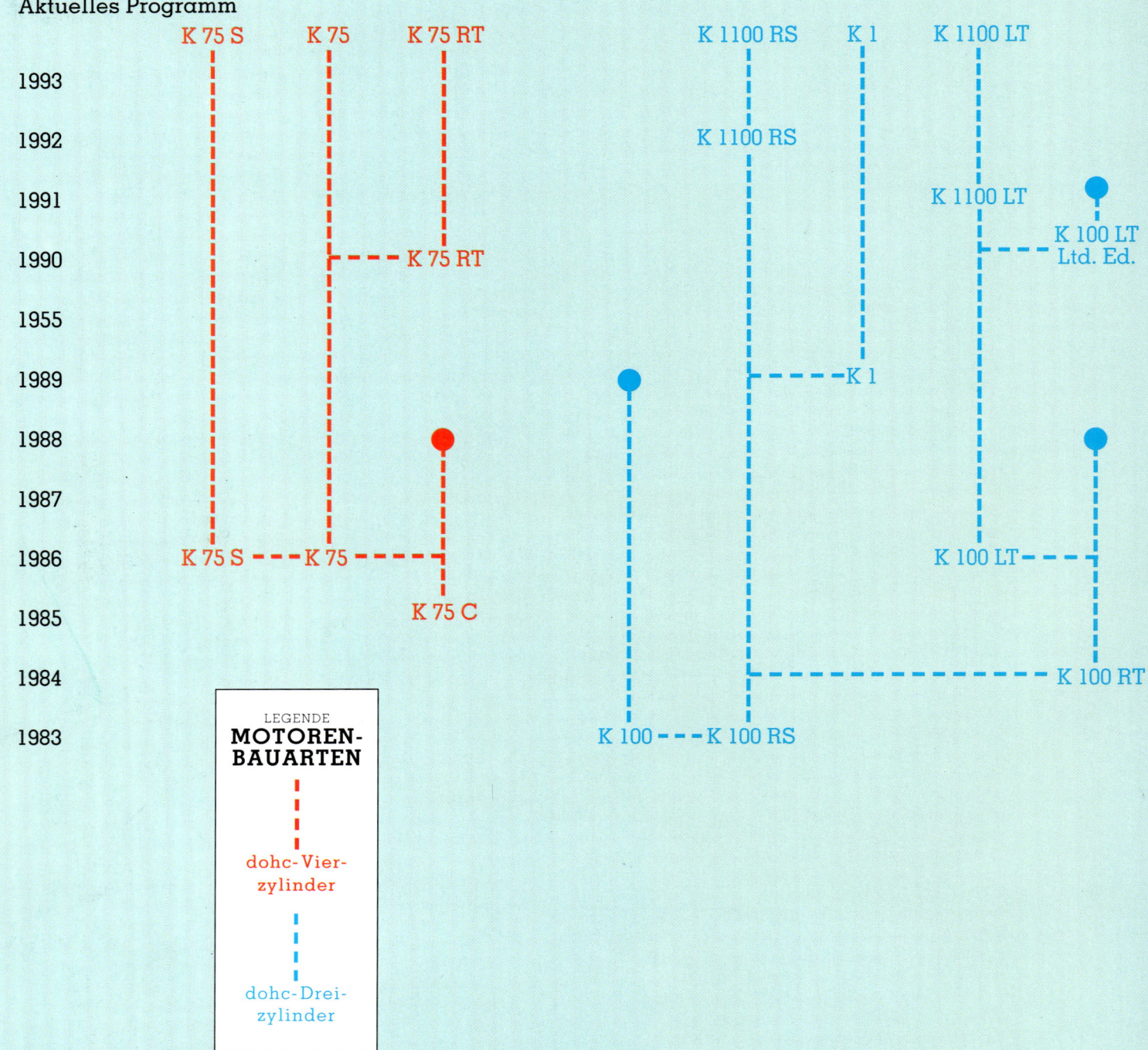

Aktuelles Programm

K 75 S   K 75   K 75 RT   K 1100 RS   K 1   K 1100 LT

1993

1992   K 1100 RS

1991   K 1100 LT   ● K 100 LT
                                                                                 Ltd. Ed.

1990   K 75 RT

1955

1989   ●   K 1

1988   ●

1987

1986   K 75 S --- K 75 ---   K 100 LT ---

1985   K 75 C

1984   K 100 RT

1983   K 100 --- K 100 RS

LEGENDE
**MOTOREN-
BAUARTEN**

dohc-Vier-
zylinder

dohc-Drei-
zylinder